Peter Christalla

Bioartifizielles Herzgewebe aus parthenogenetischen Stammzellen

Peter Christalla

Bioartifizielles Herzgewebe aus parthenogenetischen Stammzellen

Identifizierung einer neuartigen Zellquelle für die kardiale Gewebeersatztherapie

Südwestdeutscher Verlag für Hochschulschriften

Impressum/Imprint (nur für Deutschland/only for Germany)
Bibliografische Information der Deutschen Nationalbibliothek: Die Deutsche Nationalbibliothek verzeichnet diese Publikation in der Deutschen Nationalbibliografie; detaillierte bibliografische Daten sind im Internet über http://dnb.d-nb.de abrufbar.
Alle in diesem Buch genannten Marken und Produktnamen unterliegen warenzeichen-, marken- oder patentrechtlichem Schutz bzw. sind Warenzeichen oder eingetragene Warenzeichen der jeweiligen Inhaber. Die Wiedergabe von Marken, Produktnamen, Gebrauchsnamen, Handelsnamen, Warenbezeichnungen u.s.w. in diesem Werk berechtigt auch ohne besondere Kennzeichnung nicht zu der Annahme, dass solche Namen im Sinne der Warenzeichen- und Markenschutzgesetzgebung als frei zu betrachten wären und daher von jedermann benutzt werden dürften.

Verlag: Südwestdeutscher Verlag für Hochschulschriften GmbH & Co. KG
Dudweiler Landstr. 99, 66123 Saarbrücken, Deutschland
Telefon +49 681 37 20 271-1, Telefax +49 681 37 20 271-0
Email: info@svh-verlag.de

Zugl.: Universität Hamburg, Diss. 2010

Herstellung in Deutschland:
Schaltungsdienst Lange o.H.G., Berlin
Books on Demand GmbH, Norderstedt
Reha GmbH, Saarbrücken
Amazon Distribution GmbH, Leipzig
ISBN: 978-3-8381-2772-9

Imprint (only for USA, GB)
Bibliographic information published by the Deutsche Nationalbibliothek: The Deutsche Nationalbibliothek lists this publication in the Deutsche Nationalbibliografie; detailed bibliographic data are available in the Internet at http://dnb.d-nb.de.
Any brand names and product names mentioned in this book are subject to trademark, brand or patent protection and are trademarks or registered trademarks of their respective holders. The use of brand names, product names, common names, trade names, product descriptions etc. even without a particular marking in this works is in no way to be construed to mean that such names may be regarded as unrestricted in respect of trademark and brand protection legislation and could thus be used by anyone.

Publisher: Südwestdeutscher Verlag für Hochschulschriften GmbH & Co. KG
Dudweiler Landstr. 99, 66123 Saarbrücken, Germany
Phone +49 681 37 20 271-1, Fax +49 681 37 20 271-0
Email: info@svh-verlag.de

Printed in the U.S.A.
Printed in the U.K. by (see last page)
ISBN: 978-3-8381-2772-9

Copyright © 2011 by the author and Südwestdeutscher Verlag für Hochschulschriften GmbH & Co. KG and licensors
All rights reserved. Saarbrücken 2011

Inhaltsverzeichnis

1	**Einleitung**	**1**
1.1	Regenerationspotential des Herzens	1
1.2	Adulte Stammzellen zur Myokardregeneration	3
1.3	Embryonale Stammzellen (ES-Zellen) zur Myokardregeneration	6
1.4	Kardiomyozyten-Gewinnung in therapeutisch relevanten Mengen	9
1.5	Patienten-spezifische pluripotente Stammzellen	12
1.6	Parthenogenetische Stammzellen (PS-Zellen)	15
1.7	Konzepte des myokardialen *Tissue Engineering*	19
1.8	Aufgabenstellung	22
2	**Methoden und Material**	**24**
2.1	Zellbiologische Methoden	24
2.1.1	Embryonale Mausfibroblasten	24
2.1.2	Generierung von parthenogenetischen Stammzellen	25
2.1.3	Kultivierung parthenogenetischer- und embryonaler Stammzellen	27
2.1.4	Karyotypisierung	27
2.1.5	Bestimmung der Zellwachstumsgeschwindigkeit	28
2.1.6	Genetische Manipulation von parthenogenetischen Stammzellen	28
2.1.7	*In vitro* Differenzierung	29
2.1.7.1	Hängende Tropfen und Rollerflaschenkultur	29
2.1.7.2	Zyktokin-Induktion	31
2.1.8	*In vivo* Differenzierung	31
2.1.8.1	Teratom-Bildung	31
2.1.7.2	Generierung chimärer Mäuse	31
2.1.8	Fluoreszenz-aktivierte Zellsortierung	32
2.1.9	*Engineered Heart Tissue* (EHT)	32
2.2	Molekularbiologische Methoden	34
2.2.1	DNA-Analysen	34
2.2.1.1	Isolation von Plasmid-DNA	34
2.2.1.2	Isolation von genomischer DNA	36

2.2.1.3	Genotypisierung mittels PCR	36
2.2.1.4	Genotypisierung mittels Southern Blot	36
2.2.1.5	Bisulfit-Sequenzierung	37
2.2.1.6	Mikrosatelliten-Analyse	38
2.2.2	RNA-Analysen	38
2.2.2.1	Isolation von RNA	38
2.2.2.2	Reverse Transkription	39
2.2.2.3	Semi-quantitative PCR	39
2.2.2.4	Quantitative PCR	40
2.2.2.5	*Affymetrix Gene-Arrays*	41
2.3	Histologische Untersuchungen	41
2.3.1	Immunfluoreszenzfärbung	41
2.3.2	Hämatoxylin-Eosin (H&E) Färbung	42
2.3.3	X-Gal-Färbung	43
2.3.4	Alkalische Phosphatase Aktivität	44
2.4	Physiologische Charakterisierung	44
2.4.1	Analyse der intrazellulären Calcium-Konzentration	44
2.4.2	2-Photonen-Laser-Mikroskopie	44
2.4.3	Aktionspotenial-Messung	45
2.4.4	Kontraktionskraftmessung	46
2.5	Statistische Auswertung	47
2.6	Material	47
2.6.1	Substanzen	47
2.6.2	Hilfsmittel und Geräte	50
3	**Ergebnisse**	**53**
3.1	Generierung parthenogenetischer Stammzell-Linien	53
3.2	Basale Charakterisierung parthenogenetischer Stammzellen	54
3.2.1	Stammzell-Identität	54
3.2.2	Wachstumskinetik	56

3.2.3	Karyotypisierung	57
3.2.4	Genotypisierung	58
3.2.5	Methylierung und Transkription von *Imprinting*-Genen	60
3.2.5.1	Methylierungsstatus von *Imprinting*-Genen	60
3.2.5.2	Transkription von *Imprinting*-Genen	61
3.3	Differenzierungspotential parthenogenetischer Stammzellen	62
3.3.1	Differenzierung *in vitro*	62
3.3.2	Differenzierung *in vivo* (Teratom-Nachweis)	64
3.3.3	Generierung chimärer Mäuse	68
3.4	Kardiale Differenzierung *in vitro*	69
3.4.1	Spontane Differenzierung	70
3.4.2	Kardiogenese in Abhängigkeit der Passage	73
3.4.3	Zytokin-induzierte Kardiogenese	74
3.4.4	Reifegrad parthenogenetischer Myozyten *in vitro*	76
3.5	Funktion und Morphologie parthenogenetischer Myozyten *in vitro*	78
3.5.1	Identifizierung von Myozyten-Subtypen	79
3.5.2	Funktionalität parthenogenetischer Myozyten	80
3.5.3	Calcium-Homöostase	82
3.5.4	Organisation kardialer Proteine	83
3.6	Funktionelle Kopplung parthenogenetischer Myozyten *in vivo*	84
3.6.1	Funktionelle Kopplung in chimären Herzen	84
3.6.2	Funktionelle Kopplung nach Injektion ins Herz	87
3.7	*Engineered Heart Tissue* aus parthenogenetischen Stammzellen	89
3.8	Rolle der Nicht-Myozyten für das kardiale *Tissue Engineering*	92
3.8.1	Myozyten-Gewinnung aus ES-Zellen mittels Bioreaktortechnologie	92
3.8.2	Herstellung von ES-Zell-EHTs aus gemischten Zellpopulationen	94
3.8.3	Funktionelle Charakterisierung von ES-Zell-EHTs	96
3.8.4	Zelltyp-spezifische Transkripte im EHT-Kulturverlauf	97

Inhaltsverzeichnis

3.8.5	Aufbau der extrazellulären Matrix durch Fibroblasten	98
3.8.6	Generierung Myozyten-selektionierbarer PS-Zell-Linien	99
4	**Diskussion**	**100**
4.1	Etablierung von parthenogenetischen Stammzell-Linien	102
4.2	Vergleich von parthenogenetischen- und embryonalen Stammzellen	104
4.3	MHC-Haplotyp in parthenogenetischen Stammzellen	106
4.4	Methylierung und Transkription von *Imprinting*-Genen	107
4.5	Kardiomyogenese parthenogenetischer Stammzellen	111
4.6	Reifegrad parthenogenetischer Myozyten	113
4.7	Funktionalität parthenogenetischer Myozyten *in vitro*	114
4.8	Funktionalität parthenogenetischer Myozyten *in vivo*	117
4.9	Künstliches Herzgewebe aus parthenogenetischen Stammzellen	118
4.10	Rolle der Nicht-Myozyten für das kardiale *Tissue Engineering*	120
4.11	Ausblick	121
5	**Zusammenfassung**	**124**
6	**Literaturverzeichnis**	**128**
7	**Anhang**	**149**
7.1	Abkürzungsverzeichnis	**149**
7.2	Primer und PCR-Bedingungen	**152**
7.3	Antikörper	**157**
7.4	Weiter Abbildungen	**158**

1 Einleitung

In Deutschland sind mehr als 50% aller Todesfälle auf ein Versagen der Herzfunktion zurückzuführen (Bundesamt für Statistik 2007). Schätzungsweise 15 Millionen Europäer leiden unter einer chronischen Herzmuskelschwäche. Es ist davon auszugehen, dass die Inzidenz und Prävalenz dieser Krankheit weiter steigt, und die Herzinsuffizienz somit das führende Krankheitsbild dieses Jahrhunderts wird (Schannwell et al. 2007). Trotz konsequenter Anwendung von Leitlinienempfehlungen ist die Herzinsuffizienz-assoziierte 5-Jahres Mortalität mit 50% vergleichsweise hoch (McMurry et al. 2000).

Das therapeutische Vorgehen bei Patienten mit einer Herzinsuffizienz besteht heute aus (i) der Abschirmung des Herzens gegen endogene neuro-humorale Überstimulation durch β-Adrenozeptor-Blockade, Inhibition des Angiotensin-Konvertierenden-Enzyms, Angiotensin-Rezeptoren-Blockade und Aldosteron-Rezeptor-Blockade, (ii) einer mechanischen Entlastung der Herzmuskulatur (Diuretika) sowie einer (iii) Verbesserung der Myokard-Kontraktilität bzw. Vagusaktivierung (Digitalis). Dieses therapeutische Vorgehen kann zu einer Verlangsamung des Krankheitsprozesses führen. Eine Heilung der Herzinsuffizienz ist allerdings nicht möglich. Im Stadium der terminalen Herzinsuffizienz bleibt als letzte Therapieoption oft nur die Herztransplantation. Trotz guter klinischer Resultate steht die Herztransplantation aufgrund einer zu geringen Anzahl an Spenderorganen und einem stetig steigenden Organbedarf nur einem begrenzten Patientenkollektiv zur Verfügung. Vor diesem Hintergrund ist die Entwicklung neuer Therapiestrategien für Patienten mit kardialen Funktionsstörungen dringend angezeigt.

1.1 Regenerationspotential des Herzens

Eine Schädigung des menschlichen Myokards ist praktisch irreversibel, da das endogene mitotische Potential von Kardiomyozyten postnatal weitestgehend verloren geht (Rumiantsev 1978, Bergmann et al. 2009). Das aus einem Infarkt

Einleitung

resultierende Narbengewebe besitzt nicht mehr die ursprüngliche Funktionsfähigkeit des Myokards.

Experimentell wird an der Reaktivierung zellzyklusarretierter Kardiomyozyten als therapeutischer Angriffspunkt gearbeitet (Zhu et al. 2009). Bis zum heutigen Zeitpunkt allerdings mit recht unbefriedigenden Ergebnissen, da massiv in zelluläre Mechanismen eingegriffen werden muss. Erste Studien wurden in Mäusen durchgeführt, die das SV40 Large T-Antigen unter der Kontrolle eines herzspezifischen Promotors überexprimierten (Field 1988). Diese Mäuse bildeten große Tumore vor allem in den rechten Atrien als Folge der unbegrenzten Zellteilung der transgenen Kardiomyozyten.

Weitere Studien greifen modulierend in den Zellzyklus ein. Einzelne Phasen des Zellzyklus werden durch die Interaktion von Zyklinen, Zyklin-abhängigen Kinasen (CDKs) und deren Inhibitoren (CDKIs) gesteuert (Santamaria et al. 2006). Ein Wiedereintritt in den Zellzyklus konnte durch adenovirale Transfektion von Zyklin A2 *in vivo* durch Woo et al. (2007) und Chaudhry et al. (2004) gezeigt werden. Auch die Transfektion adulter Kardiomyozyten *in vitro* mit Zyklin B1-CDK2-Komplexen erzielte ähnliche Ergebnisse (Dätwyler et al. 2003). An transgenen Tiermodellen mit Überexpression von Zyklin D1 und D2 demonstrierten Soonpaa et al. (1997) und Pasumarthi et al. (2005) nach Infarkt eine erhöhte DNA-Syntheserate in Kardiomyozyten. Des Weiteren konnte eine um 50% reduzierte Infarktgröße in Zyklin D2 transgenen Mäusen im Vergleich zu Wildtyptieren beobachtet werden. Neuere Untersuchungen an neonatalen Rattenkardiomyozyten zeigten, dass eine adenovirale Notch2-Überexpression die Expression von Zyklin D1 induziert und somit den Zellzyklus in diesen Zellen reaktiviert (Campa et al. 2008). Zusammenfassend konnte also in mehreren Studien gezeigt werden, dass eine Reaktivierung des Zellzyklus in Kardiomyozyten prinzipiell möglich ist. Allerdings sind die Steuerung der Zellzyklusaktivität und Mechanismen, die nicht nur eine Kernteilung (Karyokinese), sondern auch eine tatsächliche Zellteilung (Zytokinese) fördern, weitestgehend unbekannt. Die gezielte Regulation der Zellzyklusaktivität in Kardiomyozyten nach genetischer Aktivierung scheint somit zurzeit therapeutisch noch nicht umsetzbar zu sein.

1.2 Adulte Stammzellen zur Myokardregeneration

Stammzellen sind im adulten Organismus in einer Vielzahl von Organen bzw. Geweben (wie Blut, Leber, Darm) an Umbau- und Regenerationsvorgängen beteiligt (Bajada et al. 2008). Im Gegensatz zur Pluripotenz embryonaler Stammzellen (ES-Zellen) können adulte Stammzellen auf natürlichem Wege mit hoher Wahrscheinlichkeit nur Zellen des jeweiligen Organs hervorbringen, in dem sie zu finden sind. Sie werden daher als multipotent bezeichnet. Derzeit wird intensiv erforscht, inwieweit adulte Stammzellen, wie z.B. Satellitenzellen aus dem Skelettmuskel und Stammzellen aus dem Knochenmark in der Lage sind, Herzmuskelzellen hervorzubringen (Reinecke et al. 2008).

Erste experimentelle Erfahrungen mit der Zell-basierten myokardialen Regeneration wurden durch die Transplantation von Satellitenzellen gewonnen (Marelli et al. 1992). Satellitenzellen sind in der Basalmembran der Skelettmuskulatur lokalisiert, wo sie als adulter Stammzelltyp nach Verletzung aktiviert werden und zur Regeneration der Skelettmuskulatur beitragen (Nag et al. 1981). Diese autologe Zellquelle schien therapeutisch attraktiv zu sein, da Satellitenzellen durch eine Muskelbiopsie einfach zu gewinnen sind. Zusätzlich lassen sie sich *in vitro* expandiert, um letztendlich dem Infarktpatienten in großer Menge regenerativ ins Herz transplantiert werden zu können (Chiu et al. 1995). Es wurde ursprüngliche angenommen, dass Satellitenzellen nach Transplantation in das „kardiogene Milieu" des Herzens in Kardiomyozyten differenzieren könnten, was allerdings durch mehrere Studien widerlegt wurde (Murry et al. 1996, Reinecke et al. 2002). Anstatt zu Herzmuskelzellen zu transdifferenzieren, entwickelten sich die Transplantate gemäß ihrer Determinierung zu Skelettmuskelzellen (Menasche et al. 2001). Skelettmuskelzellen exprimieren allerdings *per se* nicht die nötigen Adhäsionsproteine oder Connexine, die eine elektromechanische Kopplung mit dem Myokard ermöglichen (Reinecke et al. 2000, Rubart et al. 2004). Die Transplantate führten vielmehr im Tiermodell zum verstärkten Auftreten tödlicher Arrhythmien (El Oakley et al. 2001, Makkar et al. 2003). Trotz dieser Befunde wurden dennoch klinische Studien mit autologen Skelettmuskelzellen am Menschen durchgeführt (Menasche et al. 2001, Herreros et al. 2003, Siminiak et al. 2004). Die weltweit größte klinische Phase II Studie mit

Einleitung

dem Akronym MAGIC („*Myoblast Autologous Graft in Ischemic Cardiomyopathy*") zeigte keine Verbesserung der Herzfunktion bei Infarktpatienten. Vielmehr zeigte sich in der Zellimplantationsgruppe eine Häufung ventrikulärer Arrhythmien (Smith et al. 2008). Interessanterweise konnte in einer neueren Studie im Tiermodell gezeigt werden, dass genetisch modifizierte Connexin 43 überexprimierende Muskelzellen elektromechanisch mit dem Myokard koppeln. Das Auftreten ventrikulärer Arrhythmien nach Transplantation dieser Zellen konnte somit verhindert werden (Roell et al. 2007).

Andere adulte Stammzelltypen für eine mögliche Anwendung für eine myokardiale Regeneration sind im Knochenmark lokalisiert. Dabei handelt es sich im Wesentlichen um mesenchymale- und hämatopoetische Stammzellen. Therapeutisch erhoffte man sich, dass diese Knochenmarksstammzellen nach Injektion in infarzierte Herzen zu Kardiomyozyten transdifferenzieren und somit direkt zur Myokardregeneration beitragen. Dass mesenchymale Stammzellen aus dem Knochenmark *in vitro* zu Muskelzellen differenzieren können, zeigten erstmals Makino et al. (1999). Allerdings ist hier wichtig zu betonen, dass diese Zellen zuvor mit dem DNA-demethylierenden Agens, 5-Azacytidin, behandelt wurden. Nach Differenzierung zeigten 30% dieser Zellen spontane Kontraktionen und ein myozytäres Expressionsprofil. Des Weiteren zeigten sich nach Injektion in infarzierte Mausherzen deutliche Funktionsverbesserungen. Eine elektromechanische Kopplung dieser Zellen mit dem Myokard fand allerdings nicht statt, so dass das eigentliche Ziel, nämlich der Herzmuskelwiederaufbau, nicht erreicht wurde (Shake et al. 2002). Zusätzlich limitierend für eine klinische Anwendung ist die kanzerogene Wirkung von 5-Azacytidin.

Das hämatopoetische Stammzellen aus dem Knochenmark Herzmuskel-regenerierende Eigenschaften haben, wurde erstmals von Anversa und Mitarbeitern berichtet (Orlic et al. 2001). In dieser Studie wurden GFP markierte Knochenmarkzellen in infarzierte Herzen von Wildtypmäusen injiziert. Zwei Wochen nach der Zelltherapie wurde mittels Echokardiographie und hämodynamischer Untersuchungen eine Verbesserung der Herzfunktion festgestellt. Darüber hinaus wurde in histologischen Präparaten gezeigt, dass die Infarktregion zu 68% durch implantierte Knochenmarkszellen regeneriert wurde

(Orlic et al. 2001). Eine Differenzierung zu Kardiomyozyten konnte von Murry et al. (2004) allerdings klar widerlegt werden. Hier wurden hämatopoetische Stammzellen transgener Mäuse, die GFP und LacZ unter der Kontrolle eines herzspezifischen Promotors exprimieren, in keiner der 117 „zelltherapierten" Mäuse gefunden. Diese und weitere Gruppen schlussfolgerten, dass eine kardiale Differenzierung nach Transplantation hämatopoetische Stammzellen ein recht unwahrscheinliches Ereignis ist (Murry et al. 2004, Balsam et al. 2004). Mittlerweile geht man davon aus, dass es sich bei den von Orlic et al. beschriebenen Befunden um histologische Artefakte handelte, die vermutlich durch eine hohe Autofluoreszenz des Narbengewebes und/oder infiltrierende Leukozyten hervorgerufen wurden (Laflamme und Murry 2005).

Trotz der Kontroversen über die regenerative Effektivität Knochenmarks-abgeleiteter Stammzellen wurden zahlreiche klinische Studien durchgeführt (Dimmeler et al. 2005). Verwendet wurden vor allem autologe mononukleäre Zellen aus dem Knochenmark, einer heterogenen Population hämatopoetischer- und mesenchymaler Zellen. Nach *in vitro* Expansion wurden diese dem Infarktpatienten mittels intrakoronarer Infusion reappliziert. Therapeutisch konnte dabei eine moderate Funktionsverbesserung festgestellt werden (Abdel-Latif et al. 2007, Schächinger et al. 2006, Assmus et al. 2007).

Diskutiert wird aktuell, ob Knochenmarkszellen möglicherweise durch die Freisetzung von parakrin wirkenden Zytokinen, Wachstumsfaktoren und vor allem durch die Ausbildung neuer Blutgefässe in der Infarktregion zur Myokardregeneration beitragen (Fazel et al. 2006). Neovaskularisierung ist entscheidend für eine verbesserte Perfusion des Restmyokards und würde zu einer verbesserten Versorgung mit kardioprotektiven Faktoren beitragen. Endotheliale Vorläuferzellen aus dem Knochenmark scheinen an diesem Prozess beteiligt zu sein. Studien konnten zeigen, dass endotheliale Vorläuferzellen in infarzierten Herzen eine signifikant erhöhte Neovaskularisierung induzieren, kombiniert mit einer reduzierten Kardiomyozyten-Apoptoserate und einer verbesserten Herzfunktion (Kocher et al. 2001, Zaruba et al. 2008). Ein aus diesen Befunden abgeleitetes therapeutisches Konzept zeigten kürzlich Zaruba et al. (2009): In ihrer Studie stimulierten sie durch die Applikation von G-CSF

(Granulozytenkolonie-stimulierender Faktor) die Freisetzung von endothelialen Vorläuferzellen aus dem Knochenmark infarzierter Mäuse. Parallel wurde pharmakologisch die SDF-1- (*stromal cell-derived factor-1*) inaktivierende Protease CD26 inhibiert. SDF-1 reguliert als Chemokin das „*Homing*" mobilisierter Knochenmarkstammzellen ins Herz (Ceradini et al. 2004). Die verstärkte endotheliale Vorläuferzell-Rekrutierung hat in diesem Kontext vermutlich maßgeblich zu der beobachteten Neovaskularisierung in der Infarktregion beigetragen und eine verbesserte kardiale Funktion sowie Überlebensrate nach Infarkt verursacht.

1.3 Embryonale Stammzellen (ES-Zellen) zur Myokardregeneration

Embryonale Stammzellen der Maus (mES-Zellen) konnten erstmals 1981 aus der inneren Zellmasse der Blastozyste isoliert werden (Evans und Kaufman 1981, Martin 1981). Die Herstellung humaner ES-Zellen (hES-Zellen) gelang analog erstmalig 1998 (Thomson et al. 1998). Unter geeigneten Kulturbedingungen besitzen ES-Zellen die Fähigkeit der Selbsterneuerung, assoziiert mit einer unbegrenzten Teilungsfähigkeit im undifferenzierten Zustand. Als pluripotente Zellen besitzen ES-Zellen die Differenzierungskapazität, alle somatischen Zelltypen eines adulten Organismus zu generieren.

Im Gegensatz zu adulten Stammzellen konnte ein robustes kardiomyogenes Differenzierungspotential sowohl für mES-Zellen (Doetschman et al. 1985) als auch für hES-Zellen (Kehat et al. 2001) beschrieben werden. Initiert wird eine kardiale Differenzierung in der Regel in Zellaggregaten, so genannten Embryoidkörpern (EB). Im Verlauf der EB-Kultur exprimieren ES-Zell-abgeleitete Kardiomyozyten kardiale Gene in einer entwicklungsabhängigen Weise. Vergleichbar mit frühen Stadien der embryonalen Herzentwicklung werden zunächst kardiale Transkriptionsfaktoren wie GATA-4, MEF-2 und Nkx2.5 exprimiert. Diese Faktoren charakterisieren *in vivo* das präkardiale Mesoderm (Fijnvandraat et al. 2003). Die zur Kontraktion benötigten Strukturproteine der Sarkomere (wie α-MHC, α-Aktinin, kardiales Troponin I) werden im späteren Differenzierungsverlauf exprimiert (Doevendans et al. 2000). Spontan

Einleitung

kontrahierende Zellen in der Kulturschale sind das Resultat des kardialen Differenzierungsprogramms. Auch für hES-Zellen konnte ein vergleichbares Genexpressionsprofil während der *in vitro* Kardiomyogenese erstellt werden (Baqqali et al. 2006).

Um Aussagen über die Funktionalität und den Differenzierungsgrad ES-Zell-abgeleiteter Kardiomyozyten treffen zu können, wurden diese elektrophysiologisch detailliert charakterisiert. Entsprechend des molekularen Profils konnte auch elektrophysiologisch eine weitere Reifung von ES-Zell-abgeleiteten Herzmuskelzellen mit Eigenschaften von fetalen Myozyten beschrieben werden (Metzger et al. 1997, Mummery et al. 2003). Der fetale Reifungsgrad ES-Zell-abgeleiteter Kardiomyozyten ist auch immunhistologisch anhand der unregelmäßigen Verteilung der quergestreiften Muskelfilamente nachweisbar. Eine gut organisierte und parallele Anordnung der Sarkomere, ein charakteristisches Merkmal adulter Kardiomyozyten, kann nicht beobachtet werden (Mummery et al. 2003).

Voraussetzung für einen Nutzen in der regenerativen/reparativen Medizin wäre, dass sich transplantierte Zellen homogen in defektes Myokard integrieren und dadurch aktiv zur kontraktilen Funktion der Herzmuskulatur beitragen. ES-Zell-abgeleitete Kardiomyozyten scheinen diese Kriterien prinzipiell zu erfüllen. In Kontrast zu den therapeutisch eingesetzten Myoblasten (siehe 1.2) exprimieren ES-Zell-abgeleitete Kardiomyozyten Adhäsionsmoleküle (N-Cadherin) und *Gap Junction* Proteine (Connexin 43 und 45), die für eine elektromechanische Kopplung mit dem Myokard essentiell sind (Boheler et al. 2002). Ein Beweis der funktionellen Integration ES-Zell-abgeleiteter Myozyten nach intramyokardialer Transplantation liegt allerdings bisher nicht vor.

Trotz des robusten kardiomyogenen Differenzierungspotentials und der detaillierten Charakterisierung ES-Zell-abgeleiteter Kardiomyozyten ist eine therapeutische Anwendung dieser Zellen mit erheblichen Risiken verbunden. Die Pluripotenz und die hohe Proliferationsrate undifferenzierter ES-Zellen führen unweigerlich zur Teratom-Bildung. Nach Injektion von mES-Zellen in infarzierte Mausherzen konnten Kolossov et al. (2006) und Nussbaum et al. (2007) Teratome mit Zelltypen aller drei Keimblätter im Herzen nachweisen. Eine erhöhte Anzahl differenzierter Kardiomyozyten konnte des Weiteren nicht festgestellt werden. Um die unerwünschte Teratom-Bildung nach Transplantation zu verhindern, wurden transgene ES-Zell-Linien zur spezifischen Kardiomyozyten-Aufreinigung generiert (Klug et al. 1996, Kolossov et al. 1998, Kolossov et al. 2005). Idealerweise exprimieren diese ein Antibiotika-Resistenzgen unter der Kontrolle eines herzspezifischen Promotors. Im Verlauf der *in vitro* Kardiomyogenese können dann durch Zusatz des entsprechenden Antibiotikums alle Nicht-Myozyten eliminiert werden. Mit diesem Verfahren konnten Klug et al. (1996) erstmalig nahezu reine (99%) Populationen ES-Zell-abgeleiteter Kardiomyozyten gewinnen. Die Injektion dieser Zellen führte zu einer Funktionsverbesserung infarzierter Mausherzen (Klug et al. 1996, Kolossov et al. 2006). Eine elektromechanische Kopplung konnten die Autoren allerdings nicht nachweisen. Die Ausbildung von Teratomen war ferner nicht feststellbar. Weitere Transplantationsstudien in immundefizienten Mäusen zeigten aber, dass nur zwei hES-Zell-Kolonien (~500 Zellen) genügen, um ein Teratom zu induzieren (Hentze et al. 2009).

Diese Befunde verdeutlichen, dass eine nahezu vollständige Kardiomyozyten-Reinheit bzw. die Differenzierung aller Zellen für therapeutische Anwendungen essentiell ist. Versuche mit angereicherten Kardiomyozyten Populationen aus hES-Zellen belegen, dass diese nach Transplantation in Herzen immundefizienter Mäuse und Ratten bis zu 12 Wochen überleben und reifen (Laflamme et al. 2005, Dai et al. 2007). Dies war des Weiteren mit einer Funktionsverbesserung nach Infarkt assoziiert (Laflamme et al. 2007). Kritisch anzumerken bei diesen Versuchen ist sicherlich, dass humane Kardiomyozyten mit einer Rate von 60-100 Schlägen pro Minute in Herzen von Nagetieren implantiert wurden, die typischerweise 480-620 mal pro Minute kontrahieren (Kass et al. 1998). Für eine verlässliche Interpretation der erhobenen Daten müssten Studien im Großtiermodell, wie dem Schwein durchgeführt werden. Kehat et al. (2004) konnten in diesem Zusammenhang eine erfolgreiche Transplantation von kardiomyogenen hES-Zell-Derivaten in Schweineherzen demonstrieren.

Ein weiterer wichtiger Punkt, der eine klinische Anwendung von ES-Zellen in der Myokardregeneration in Frage stellt, ist die Allogenität der transplantierten Zellen.

Körperfremde Zellen induzieren typischerweise eine Immunantwort im Empfängerorganismus, was zu einer Abstoßung des Transplantats führt. Hierfür primär verantwortlich sind Alloantigene auf den transplantierten Zellen in Form von HLA- (*human leukocyte antigens*), auch als MHC-Moleküle (*major histocompatibiliy complex*) bezeichnet, und AB0 Blutgruppen-Antigene (Opelz et al. 1999). MHC-Moleküle werden von zwei Gengruppen kodiert, MHC-I und MHC-II. Man unterscheidet drei Genloci innerhalb des MHC-I Komplexes: HLA-A, HLA-B und HLA-C. Die Moleküle der Klasse II sind in den Genen der HLA-D-Gruppe des MHC Komplexes verschlüsselt. Diese Gruppe besteht aus den Genen für HLA-DP, HLA-DQ und HLA-DR. Die MHC Gene zeichnen sich des Weiteren durch einen starken genetischen Polymorphismus aus. Undifferenzierte ES-Zellen exprimieren nur wenig MHC-I (Drukker et al. 2002). Im Laufe der Differenzierung steigt das Expressionslevel allerdings auf das 2-4-fache an, was im Vergleich zu den meisten somatischen Zellen immer noch relativ gering ist. Die niedrige MHC-I Expression würde aber ausreichen, um eine Eliminierung der transplantierten Zellen durch alloreaktive T-Zellen zu induzieren. Auch MHC-II Moleküle werden in differenzierten ES-Zell-Derivaten exprimiert, was eine Empfänger-spezifische Immunreaktion hervorrufen kann (Drukker et al. 2002, Swijnenburg et al. 2008). Um hES-Zellen therapeutisch nutzen zu können, wird diskutiert, ES-Zell-Banken anzulegen. Aufgrund der bemerkenswerten Heterogenität der HLA-Antigene müsste so eine Zellbank idealerweise viele hunderte hES-Zell-Linien lagern, um eine möglichst perfekte HLA Übereinstimmung mit einem Großteil potentieller Empfänger zu gewährleisten (Taylor et al. 2005). Aus ethischen, finanziellen und praktischen Gründen ist dies nur schwer realisierbar.

1.4 Kardiomyozyten-Gewinnung in therapeutisch relevanten Mengen

Die spontane kardiomyogene Differenzierungseffizienz von ES-Zellen in EB-Kulturen ist robust, aber quantitativ vernachlässigbar. Typischerweise liegt der Anteil an Herzmuskelzellen bei lediglich 1-4% (Klug et al. 1996, Kehat et al. 2001, Kolossov et al. 2005). In Konsequenz wurden Strategien entwickelt, um die Kardiomyozyten-Anzahl, aber auch die Reinheit von ES-Zell-abgeleiteten Herzmuskelzellpopulationen (siehe 1.3) zu erhöhen.

Einleitung

Mehrere Gruppen identifizierten in ES-Zellkulturen in Anlehnung an die frühe kardiale Entwicklung *in vivo* multipotente kardiovaskuläre Vorläuferzellen (Kattman et al. 2006, Wu et al. 2006, Moretti et al. 2006, Yang et al. 2008, David et al. 2008). Das Herz entsteht während der Embryogenese aus dem lateralen Plattenepithel und entwickelt sich zeitlich reguliert aus zwei Herzfeldern (Buckingham et al. 2005). Die Promotoraktivität des Transkriptionsfaktors Brachyury markiert hierbei die frühesten mesodermalen Entwicklungsprozesse (Kispert et al. 1994). Kattman et al. (2006) generierten transgene mES-Zellen, mit denen sie in der Lage waren, Braychury-exprimierende Populationen während früher ES-Zell-Differenzierungsstadien zu gewinnen. Über den Oberflächenmarker Flk-1 (VEGF-Rezeptor) konnten die Autoren aus dieser mesodermalen Zellpopulation kardiovaskuläre Vorläuferzellen isolieren. In der Zellkulturschale differenzierten Flk-1-exprimierende Zellen zu Endothel- und glatten Gefäßmuskelzellen sowie Kardiomyozyten. Die Resultate konnten im hES-Zell-Modell bereits reproduziert werden (Yang et al. 2008).

Neben Flk-1 ist Mesp1 (*mesoderm posterior 1*) ein weiterer Marker des präkardialen Mesoderms. Mesp1 wird von allen kardialen Vorläuferzellen in diesem Stadium der Entwicklung exprimiert (Saga et al. 1999). David et al. (2008) konnten zeigen, dass eine Mesp1 Überexpression in mES-Zellen mit einer verbesserten Kardiomyogenese assoziiert ist. Beim Verlassen des präkardialen Mesoderms wird die Mesp1-Expression runterreguliert und die Vorläuferzellen beteiligen sich an der Bildung der anterioren und lateralen Mesodermplatten (Saga et al. 1999). Aus diesen geht eine sichelförmige Struktur (*cardiac cresent*) hervor, die die Vorläuferzellen des ersten und zweiten Herzfeldes beinhalten. Das erste Herzfeld entwickelt sich zum linken Ventrikel und Teilen der Atria. Kardiale Vorläufer des ersten Herzfeldes sind durch die initiale Expression des Transkriptionsfaktors Nkx2.5 charakterisiert (Kasahara et al. 1998). Die Nkx2.5 Expression ist allerdings nicht strikt auf das erste Herzfeld begrenzt. Eine weitere Population an kardialen Vorläuferzellen, die durch die Expression des Transkriptionsfaktors Isl-1 charakterisiert ist, bildet das zweite Herzfeld (Cai et al. 2003). Dieses ist an der Entwicklung des rechten Ventrikels, den Ausflusstrakt und Teile der Atria beteiligt. Wu et al. (2006) konnten kardiale Vorläuferzellen basierend auf der Nkx2.5 Promotoraktivität charakterisieren. Diese Vorläuferzellen

Einleitung

konnten sowohl aus transgenen Mäusen als auch während der Differenzierung von mES-Zellen isoliert werden. Mit einer ähnlichen Strategie gelang es Moretti et al. (2006) Isl-1 positive Vorläuferzellen mit multipotentem Differenzierungspotential zu gewinnen.

Zentrale Entwicklungsschritte werden während der Kardiomyogenese *in vivo* von Wachstumsfaktoren reguliert. Eine Vielzahl von Studien belegte, dass definierte Faktoren die mesodermale Differenzierung von ES-Zellen verbessern und konsequenterweise die Kardiomyozytenmenge steigern können (Mummery et al. 2003, Laflamme et al. 2007, Yang et al. 2008). Mummery et al. (2003) kultivierten differenzierende hES-Zellen mit der endodermalen Zell-Linie END-2 und konnten eine gesteigerte kardiale Differenzierung beschreiben. Das Endoderm steht während der Herzentwicklung *in vivo* in direkten Kontakt mit dem kardialen Mesoderm und übernimmt eine entscheidende Rolle bei der Induktion der Kardiomyogenese. Hier scheinen vor allem sezernierte Wachstumsfaktoren der TGF-β Superfamilie wie Activin und BMP-4 essentiell zu sein. Laflamme et al. (2007) waren in der Lage unter Verwendung von serumfreien Medium, supplementiert mit Activin und BMP-4, eine robuste und effiziente kardiale Differenzierung in hES-Zellen zu induzieren. Der Kardiomyozyten-Anteil von über 33% konnte durch Dichtegradienten-Zentrifugation weiter auf 80-90% angereichert werden. Ein zusätzlich entscheidender Signalweg wird durch Wnt/β-catenin vermittelt. In frühen Phasen induziert dieser Signalweg die Expression des endodermalen Transkriptionsfaktors Sox17, der möglicherweise die Spezifizierung des präkardialen Mesoderms reguliert (Liu et al. 2007). Nach Bildung des Mesoderms verhindert Wnt allerdings weitere kardiomyogene Entwicklungsschritte. Die Inhibitorische Wirkung kann *in vitro* durch Dkk1 (Dickkopf-1) antagonisiert werden (Yang et al. 2008).

Eine weitere Möglichkeit therapeutisch relevante Mengen an Kardiomyozyten zu gewinnen, bietet die Bioreaktor-Technologie. Hier findet die Differenzierung von ES-Zellen unter kontrollierten Bedingungen statt. Die ersten Studien führten Zandstra et al. (2003) in 250 ml Rührflaschen durch. Unter Verwendung einer kardiomyozyten-selektionierbaren mES-Zell-Linie waren sie in der Lage, 15 Millionen Kardiomyozyten zu selektionieren. Dieses Konzept wurde zur

Einleitung

Ertragssteigerung auf zwei Liter Bioreaktoren übertragen. Unter optimierten Prozessbedingungen (pH-Wert, Temperatur und Rührgeschwindigkeit) konnten so bis zu fünf Milliarden Kardiomyozyten geerntet werden (Niebruegge et al. 2008).

1.5 Patienten-spezifische pluripotente Stammzellen

Das ultimative Ziel der regenerativen Medizin ist die Gewinnung patientenspezifischer Stammzellen. Idealerweise sind diese sowohl pluripotent als auch MHC-kompatibel, so dass Abstoßungsreaktionen nach Transplantation deren Zell-Derivate vermieden werden.

Die Möglichkeit terminal differenzierte Zellen in einen pluripotenten Status zurück zu versetzten, konnte vor vielen Jahren gezeigt werden (Briggs et al. 1952). Pionierarbeiten demonstrierten, dass der Kern somatischer Froschzellen nach Injektion in eine entkernte Eizelle die Entwicklung eines kompletten Organismus steuern kann (Briggs et al. 1952). Diese Befunde belegten erstmalig, dass der adulte Zellkern während der Entwicklung die gesamte genetische Information konserviert und dass Differenzierungsschritte durch selektive Expression und Repression von genomischen Segmenten gesteuert wird. Somatischer Zellkerntransfer (SCNT) kann auch erfolgreich bei Säugetieren durchgeführt werden (Wakayama et al. 1998). Nach dem Kerntransfer wird die Eizelle hier chemisch zur Teilung aktiviert. Aus den resultierenden Blastozysten entwickeln sich nach Uterustransfer lebensfähige Tiere. Dies wurde bereits in vielen Tierarten wie Rind, Kaninchen und Mäusen durchgeführt (Cibelli et al. 1998). Das prominenteste Beispiel ist das Klonschaf Dolly (Wilmut et al. 1997). Stojkoviv et al. (2005) haben zwar demonstriert, dass es theoretisch möglich ist humane SCNT-abgeleitete Blastozysten zu generieren, bis heute konnte allerdings noch keine hES-Zell-Linie aus diesen etabliert werden. Neben ethischen Einwänden stellt auch die äußerst geringe Effizienz den therapeutischen Einsatz dieser Methode in Frage. Untersuchungen in Primaten haben gezeigt, dass 304 Eizellen benötigt werden, um lediglich zwei kerntransferierte ES-Zell-Linien zu generieren (Byrne et al. 2007). Diese geringe Effizienz könnte auch ein Zeichen nicht vollständiger epigenetischer Reprogrammierung sein und möglicherweise auch die vermehrt

Einleitung

beobachteten Anomalien in SCNT-klonierten Tieren erklären (Hochedlinger et al. 2006). Ein mögliches, aber technisch extrem aufwendiges therapeutisches Konzept zeigten allerdings Rideout et al. (2002) im Mausmodell. Zellkerne immundefizienter Rag2 (-/-) Mäuse wurden in entkernte Eizellen transferiert und ES-Zellen aus den resultierenden Blastozysten isoliert. Eines der mutierten Allele in den Rag (-/-) ES-Zellen wurde *in vitro* durch homologe Rekombination repariert. Im Anschluss wurden die ES-Zellen zu hämatopoetischen Vorläufern differenziert und zurück in die Rag2 mutierten Mäuse transplantiert. Nach vier Wochen wurde das Immunsystem dieser Mäuse teilweise wieder hergestellt.

Somatische Zellkerne können auch durch Zellfusion mit ES-Zellen reprogrammiert werden (Cowan et al. 2005). Hierbei entstehen pluripotente Hybridzellen mit ES-Zellen ähnlichen Eigenschaften. Therapeutisch sind diese Zellen allerdings nicht relevant, da sie den doppelten Chromosomensatz (Tetraploidie) besitzen und immunologisch unkompatibel zum Patienten sind. Allerdings führte dieser Befund zur Hypothese, dass spezifische Faktoren aus ES-Zellen möglicherweise somatische Zellen direkt reprogrammieren können. Takahashi und Yamanaka (2006) generierten hierzu eine Reportermaus, in der das Neomycin-Resistenzgen in den Fbx15 Locus integriert wurde. Das F-box Protein 15 (Fbx15) wird selektiv nur in ES-Zellen und frühen embryonalen Zellen exprimiert. Fibroblasten dieser Mäuse wurden retroviral mit verschiedenen potentiellen Stammzellfaktoren transduziert. Hierbei zeigte sich, dass eine spezifische Kombination aus vier Faktoren (Oct3/4, Sox2, Klf4 und c-myc) in der Lage war, Neomycin-resistente Stammzell-Kolonien zu erzeugen. Weitere Analysen dieser Zellen demonstrierten deren Pluripotenz. Diese Pionierarbeit zeigte eindrucksvoll, dass eine direkte genetische Modifikation durch Überexpression ES-Zell-relevanter Faktoren ausreicht, um differenzierte somatische Zellen zurück in einen pluripotenten Status zu reprogrammieren. Infolgedessen wurden diese Zellen „induziert pluripotente Stammzellen" oder kurz iPS-Zellen genannt.

Unabhängige Gruppen konnten nur kurze Zeit später die Resultate mit murinen und humanen Zellen reproduzieren (Takahashi et al. 2007; Yu et al. 2007). Mittlerweile wurde bereits eine Vielzahl von humanen Zelltypen unabhängig ihres Differenzierungsgrades reprogrammiert wie Leberzellen, pankreatische β-Zellen

Einleitung

und B-Lymphozyten (Aoi et al. 2008, Stadtfeld et al. 2008, Hanna et al. 2008). Zur Generierung von iPS-Zellen aus neuronalen Stammzellen reichten sogar nur zwei Faktoren aus (Oct3/4 und Klf4), da diese *per se* Sox2 und c-myc in hohen Konzentrationen exprimieren (Kim et al. 2009). Die Reprogrammierung scheint somit äußerst robust und zelltypunabhängig zu sein. Mäuse die mittels iPS-Zellen generiert wurden, neigen allerdings vermehrt zur Tumorentwicklung (Okita et al. 2007). Das retrovirale System könnte aufgrund der zufälligen genomischen Integration genetische Modifikationen verursachen, so dass potentielle Onkogene aktiviert werden. Neuere Untersuchungen beschreiben daher die erfolgreiche iPS-Zellgenerierung mittels rekombinanter Proteine (Zhou et al. 2009). In Bezug auf eine kardiale Regeneration konnten bereits Kardiomyozyten aus iPS-Zellen charakterisiert werden. Diese zeigten funktionell keinen Unterschied zu ES-Zell-abgeleiteten Herzmuskelzellen (Mauritz et al. 2008, Zhang et al. 2009). Die Differenzierungseffizienz scheint jedoch im Vergleich zu ES-Zellen noch geringer zu sein (Mauritz et al. 2008). Trotz dieses Durchbruchs in der Generierung isogener Stammzellen mit pluripotentem Potential, ist die direkte Reprogrammierung mit 0,01% ein äußerst ineffizienter Prozess. Die Effizienz nimmt sogar mit steigendem Alter des potenziellen Patienten weiter ab (Park et al. 2008).

Stammzellen mit pluripotenten Fähigkeiten können allerdings auch ohne genetische Modifikationen und damit verbundenen Risiken zur therapeutischen Anwendung aus einem Patienten gewonnen werden. Es konnte gezeigt werden, dass embryonale Urkeimzellen in der Zellkulturschale unter Einfluss spezifischer Wachstumsfaktoren in pluripotente Stammzellen konvertieren (Cooke et al. 1993). Inzwischen ist es darüber hinaus möglich, pluripotente Zellen aus adultem Hodengewebe zu gewinnen (Guan et al. 2006a, Conrad et al. 2008). Nach der Geburt entwickeln sich männliche Keimbahnzellen zu spermatogonialen Stammzellen. Diese sind physiologisch für die kontinuierliche Bildung der Spermien verantwortlich. Guan et al. (2006a) demonstrierten, dass spermatogoniale Stammzellen unter Standard ES-Zell-Kulturbedingungen die Fähigkeit entwickeln, spontan in Zelltypen aller drei Keimblätter zu differenzieren. Das gezeigte kardiomyogene Differenzierungspotential dieser so genannten maGSCs (multipotente adulte Keimbahnstammzellen) macht sie für den Mann als autologe Zellquelle in Bezug auf die kardiale Regeneration interessant. Die hierbei generierten Kardiomyozyten unterschieden sich funktionell nicht von ES-Zell-abgeleiteten Herzmuskelzellen (Guan et al. 2006b).

1.6 Parthenogenetische Stammzellen (PS-Zellen)

Vergleichbar mit dem Konzept der isogenen Stammzellgewinnung für den Mann ist das Konzept der Parthenogenese in der Frau zu bewerten. Parthenogenese ist eine Form der Reproduktion bei der Eizellen ohne Spermium aktiviert werden können (Kaufman et al. 1983). Eine Vielzahl von Spezies (Insekten, Amphibien, Reptilien und Vögel) erzeugen auf diese asexuelle Weise Nachkommen (Foucaud et al. 1997, Watts et al. 2006). Erst kürzlich wurde in einem Haifischbecken eines Londoner Zoos ein durch Parthenogenese entwickelter Hammerhai entdeckt (Chapman et al. 2007). Spontane Parthenogenese kann auch in Säugetieren beobachtet werden, führt hier allerdings nicht zu lebensfähigen Embryonen. Im Menschen sind vielmehr Ovarialteratome das Resultat einer parthenogenetischer Eizellaktivierung (Oliveira et al. 2004). In der Regel bleiben Eizellen höherer Säugetiere in der Metaphase der Meiose II arretiert, bis eine Spermium-induzierte Befruchtung die ersten zygotischen Zellteilungen und die Embryogenese initiiert. Die Aktivierung der Eizelle kann aber auch in der Zellkulturschale nachgeahmt werden. Unterschiedliche experimentelle Verfahren (chemisch, mechanisch und elektrisch) führen zur Freisetzung von Calcium-Oszillationen innerhalb der Eizelle, ein Prozess der normalerweise während der Befruchtung vom Spermium ausgeübt wird (Stricker 1999). Die auf diese Weise parthenogenetisch aktivierte Eizelle (Parthenot) besitzt die Fähigkeit sich zur Blastozyste zu entwickeln, aus der Stammzellen isoliert werden können (Kaufman et al. 1983).

Diploidie in Maus-Parthenoten kann *in vitro* auf verschiedene Weise gewährleistet werden. Die effektivste Methode ist eine Aktivierung in Gegenwart von Cytochalasin B (Abb. 1). Dieses Pilzgift verhindert eine Mikrotubuli-Polymerisierung und somit die Ausschleusung des zweiten Polkörpers (Balakier et al. 1976, Kim et al. 1997). Aus der resultierenden Blastozyste können Stammzell-Linien mit einer Effizienz von 65% generiert werden (Kim et al. 2007a).

Therapeutisch sind diese parthenogenetischen Stammzellen (PS-Zellen) sowohl potentiell Patienten-spezifisch als auch zum Anlegen von Stammzellbanken nutzbar. Dieses ist davon abhängig, ob es im Rahmen der meiotischen Teilung (Meiose I) zu einem Austausch chromosomaler Abschnitte zwischen den entsprechenden Chromosomenpaaren gekommen ist (*crossing over*) oder nicht. Im Fall eines Austauschs der MHC-kodierenden chromosomalen Abschnitte entsteht ein heterologer MHC-Locus, der dem MHC-Locus der Eizellspenderin exakt entsprechen würde; diese Zellen würden sich für eine autologe Anwendung ohne oder mit einer nur minimaler Immunantwort prinzipiell eignen. Findet kein *crossing over* statt, bleiben die Allele des MHC-Locus homolog; diese Zellen wären aufgrund der reduzierten MHC-Locus-Variabilität für Stammzellbanken und allogene Anwendungen vermutlich gut geeignet (Taylor et al. 2005).

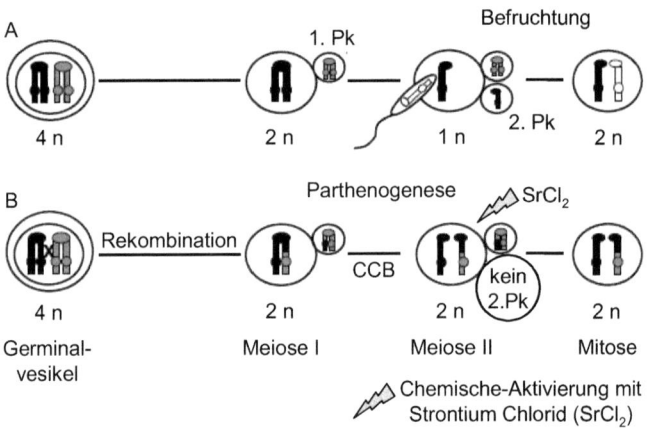

Abb. 1: Chromosomen-Verteilung während normaler Befruchtung und parthenogenetischer Eizell-Aktivierung. (A) Reguläre Befruchtung der Eizelle: Unreife Eizellen sind in der meiotischen Prophase mit den gepaarten homologen Chromosomem (Bivalente) arretiert. Jeweils ein Bivalent ohne Rekombination ist gezeigt. Während der Meiose I werden die maternalen und paternalen Chromosomen getrennt; zugleich entsteht der erste Polkörper (1.Pk) mit dem entsprechenden maternalen oder paternalen Chromosom. Zum Zeitpunkt der Befruchtung wird nach Trennung der Geschwisterchromatide ein Chromatid ausgeschleust; es entsteht der zweite Polkörper (2.Pk). Bei der Befruchtung wird der haploide maternale Chromosomensatz durch Einbringung eines paternalen haploiden Chromosomensatzes (Spermium) wieder ergänzt. (B) Parthenogenetische Eizellreifung (mit *crossing over* in Meiose I): Meiose II arretierte Eizellen werden in der Gegenwart von Cytocalasin B (CCB) mit Strontiumchlorid (SrCl$_2$) chemisch aktiviert; dabei verhindert CCB die Ausschleusung des 2.Pk. Die Eizelle ist nach Trennung der Geschwisterchromatide wieder diploid. Resultierende Blastozysten haben in Abhängigkeit vom Ausmaß der *crossing over* Vorgänge einen im Vergleich zum Ursprungsgenom mehr oder weniger reduzierten Genotyp (entweder „großelterlich" paternal oder maternal). Modifiziert nach (Kim et al. 2007a).

Kim et al. (2007a) konnten zeigen dass in 33% der untersuchten PS-Zell-Linien ein heterologen MHC-Genotyp vorlag. Die Heterozygotie in den MHC-Loci konnte auf Rekombinationsereignisse zwischen den gepaarten homologen Chromosomen während der Meiose I zurückgeführt werden.

Obgleich Parthenoten zu Blastozysten heranreifen können, sind sie in Säugetieren nicht in der Lage lebensfähige Organismen zu bilden. Dieses wird auf ein unphysiologisches genomisches *Imprinting* zurückgeführt. Studien in der Maus belegten, dass Parthenoten *in vivo* bis Tag 10 der Embryonalentwicklung überleben können, dann allerdings absterben. Die Aborte besitzen auffallend wenig extraembryonales Gewebe und fast keinen Trophoblast (Surani et al. 1984). Neben einer kaum vorhandenen Plazenta, zeigten die Aborte allerdings auch massive mesodermale Entwicklungsstörungen (Sturm et al. 1994). Diese mesodermalen Defekte betrafen neben der Somiten-Bildung vor allem die Herzentwicklung (Sturm et al. 1994). Die Autoren untersuchten embryonale Parthenoten und wiesen histologisch eine abnormale Größe und Faltung des primitiven Herzschlauches als Konsequenz einer Entwicklungsverzögerung nach. Des Weiteren enthielt dieser nur vereinzelt Herzzellen (Sturm et al. 1994). Abnormalien in der Herz-Entwicklung parthenogenetischer Embryonen konnten auch von Spindle et al. (1996) bestätigt werden. Die Autoren spekulierten, dass der Herzdefekt möglicherweise auch ursächlich für die frühe Parthenoten-Lethalität war (Spindle et al. 1996).

Barton et al. (1984) konnten zeigen, dass das väterliche (paternale) Genom für eine normale Entwicklung des extraembryonalen Gewebes essentiell ist. Das mütterliche (maternale) Genom hingegen scheint für spätere Entwicklungsprozesse wichtig zu sein. Diese funktionelle Spezifizierung des paternalen und maternalen Genoms wird als genomisches *Imprinting* bezeichnet und führt zu einer Expression bzw. Repression von Genen basierend auf ihrem parenteralen Ursprung (Moore und Haig 1991). In maternalen *Imprints* sind die Transkription-regulierenden DNA-Sequenzen (differentiell methylierte Regionen [DMRs] in Promotor/Enhancer Regionen) mütterlich methyliert und werden in der Folge vor allem über das paternale Allel transkribiert (Tab. 1). Es gibt aber durchaus Konstellationen, in denen die Hypermethylierung einer DMR zu einer

Einleitung

Expressionssteigerung führen kann (H19/Igf2 DMR; DeChira et al. 1991) In Parthenoten fehlt dieses normale *Imprinting*-Muster und es kommt zu einer Überaktivität maternaler Imprints und einer verminderten Aktivität paternaler *Imprints*.

Allel	Gen	Gen Produkt	Fetal-Entwicklung
paternal exprimiert	Igf2	Wachstumsfaktor	+
	Dlk1	Transmembranprotein	+
	Peg1/Mest	α/β-Hydrolase	+
	Peg3	Transkriptionsfaktor	+
	Snurf/Snrpn	Splicing-Faktor	-
	U2af1-rs1	Splicing-Faktor	-
maternal exprimiert	H19	nicht-kodierende RNA	+
	Igf2R	IGF-II Rezeptor	+
	Gtl2/Meg3	nicht-kodierende RNA	-
	Kcnq1	Kaliumkanal	-

Tab. 1: *Imprinting*-Gene. Auswahl an paternale und maternale *Imprinting*-Gene, sowie deren Beteiligung an der fetalen Embryogenese (+/-). Modifiziert nach Morison et al. (2005) und Fowden et al. (2006).

Die geprägte, also allelspezifische Expression von konkreten Genen wurde erstmals 1991 für den fetalen Wachstumsfaktor Igf2 (Insulin-ähnlicher Wachstumsfaktor 2, maternales *Imprinting*) sowie für H19 (paternales *Imprinting*) nachgewiesen (DeChira et al. 1991, Bartolomei et al. 1991). Kono et al. (2004) konnten zeigen, dass diese beiden Faktoren auch entscheidend an der Entwicklungsbarriere während der Parthenogenese beteiligt sind. Durch genetische modifizierte Eizellen, die Igf2 und H19 im korrekten Verhältnis exprimieren, waren die Autoren erstmalig in der Lage lebensfähige Bi-maternale Mäuse zu generieren (Kono et al. 2004). Zurzeit sind über 100 murine und humane *Imprinting*-Gene bekannt (Quelle: www.mousebook.org). Diese sind überwiegend essentiell für die fetale Embryogenese (Fowden et al. 2006).

Obwohl unfähig einen vollständigen Organismus *in vivo* zu entwickeln, scheinen Stammzellen aus parthenogenetischen Blastozysten pluripotent zu sein. *In vitro* und nach Injektion in immundefiziente Mäuse konnte das pluripotente

Einleitung

Differenzierungspotential verschiedener PS-Zell-Linien anhand Teratombildung gezeigt werden (Lin et al. 2003, Lengerke et al. 2007). Des Weiteren beteiligen sich PS-Zellen an der Organentwicklung chimärerer Mäuse (Sturm et al. 1994). Obwohl Kaufman et al. die erste PS-Zell-Linie bereits 1983 etablierten, sind bis heute nur wenige Studien durchgeführt worden, die sich mit dem Differenzierungspotential und vor allem der Funktionalität PS-Zell-abgeleiteter Zelltypen beschäftigen. Gut charakterisiert sind hier bislang nur aus PS-Zellen differenzierte Neurone (Sànchez-Pernante et al. 2005).

Die erste humane PS-Zell-Linie wurde zufällig von Hwang et al. (2005) generiert. Ihre Daten sorgten für beachtliches Aufsehen, da diese Autoren ursprünglich davon ausgingen, die ersten patienten-spezifische ES-Zellen aus humanen SCNT-abgeleiteten Blastozysten gewonnen zu haben. Kurze Zeit später stellte sich allerdings heraus, dass der Großteil der Daten gefälscht (Kennedy 2006) und darüber hinaus fehlinterpretiert waren. So konnten Kim et al. (2007) den parthenogenetischen Ursprung dieser Zellen mittels SNP-Analyse eindeutig nachweisen. Mittlerweile gibt es mehrere Berichte über die erfolgreiche Etablierung von PS-Zell-Linien aus Primaten (Vrana et al. 2003) und Menschen (hPS-Zellen). Die Effizienz letztgenannter liegt bei 14% (Cibelli et al. 2002, Revazova et al. 2007). Wie zuvor in der Maus gezeigt, konnten in Bezug auf die MHC-Gene sowohl heterozygote und somit patienten-spezifische als auch homozygote hPS-Zell-Linien beschrieben werden (Revazova et al. 2008). Taylor et al. (2005) spekulierten, dass nur zehn HLA-Lokus-homozygote Zell-linien ausreichen, um 38% eines repräsentativen britischen Patientenpools mit transplantierbaren Zellen abzudecken. Eine realisierbare Zahl für eine Stammzell-Bank in Vergleich zu der Vielzahl benötigter heterozygoter hES-Zell-Linien (ca. 300 Zell-Linien nach Taylor et al. 2005).

1.7 Konzepte des myokardialen Tissue Engineering

Kardiale Regeneration durch direkte Zellinjektion ins infarzierte Herz ist eine äußerst ineffektive Therapie-Option. Studien belegten, dass mehr als 90% der injizierten Zellen im Blutkreislauf oder durch Austritt an der Injektionsstelle verloren

Einleitung

gehen (Muller-Ehmsen et al. 2002). Des Weiteren limitieren die hohe Apoptoserate und die eingeschränkte Fähigkeit der implantierten Zellen, sich elektromechanisch in das vernarbte Gewebe zu integrieren, die therapeutische Anwendung. Eine konzeptionelle Alternative ist die Implantation von *in vitro* hergestellten Gewebekonstrukten auf die Infarktregion des Herzens (Zimmermann et al. 2002a, Zimmermann et al. 2006). Idealerweise zeigen künstliche Herzgewebe bereits *ex vivo* morphologische und funktionelle Eigenschaften von nativem Myokard (Zimmermann et al. 2002b). Zur Herstellung künstlicher Herzgewebe haben sich drei Verfahren etabliert: (i) Die Besiedlung von synthetischen oder biologischen Gerüsten mit Herzmuskelzellen (Carrier et al. 1999, Radisic et al. 2007), (ii) die Förderung einer spontanen myokardialen Rekonstitution in einem kardiogenen Milieu aus Martrixproteinen, Wachstumsfaktoren und Herzzellen (Eschenhagen et al. 1997, Zimmermann et al. 2000) und (iii) die Stapelung von Einzellschichtkulturen (Shimizu et al. 2002).

Die ersten synthetisch hergestellten Trägermaterialen für *Tissue Engineering* Anwendungen basierten auf hydrolytisch abbaubaren Substanzen und Polymeren wie Natriumalginat, Calciumgluconat, Polymilch- oder Polyglykolsäuren (Zund et al. 1997). Durch Besiedelung dieser Matrices mit Herzmuskelzellen können spontan kontrahierende dreidimensionale Konstrukte generiert werden (Leor et al. 2000). Es zeigte sich allerdings auch, dass Herzmuskelkonstrukte aus vorgeformten Matrices nur sehr geringe Kontraktionskräfte entwickeln, möglicherweise die Konsequenz materialbedingter Steifheit (Zimmermann et al. 2004). Infolgedessen wurden Materialien mit deutlich elastischeren Eigenschaften entwickelt, wie z.B. Polyglycerin-Sebacat (PGS; Wang et al. 2002). Engelmayr et al (2008) modifizierten PGS-Matrices mittels Lasertechnologie und erzielten auf diese Weise äußerst flexible Gerüste für kardiale *Tissue Engineering* Anwendungen. Alle Polymer-basierten Matrices haben allerdings den Nachteil, dass sie nach Implantation eine inflammatorische Reaktion hervorrufen (Wang et al. 2002). Des Weiteren erschweren die synthetischen Materialien die Sauerstoffdiffusion und fördern dadurch hypoxische Bedingungen. Eine Anwendung des Polymer-basierten Konzepts zur kardialen Reparatur *in vivo* wurde bisher nur vereinzelt durchgeführt (Etzion et al. 2001). Eine therapeutische Bedeutung konnte somit noch nicht nachgewiesen werden.

Einleitung

Eine weitere Perspektive für das kardiale *Tissue Engineering* besteht in der von Shimizu et al. (2002) beschriebenen Stapelung von Einzellschichtkulturen. Das Konzept dieser Methode basiert auf Verwendung eines temperatur-sensitiven Polymers. Bei 37 °C zeigt dieses Material hydrophobe Eigenschaften und ermöglicht eine Zellbesiedlung. Wird die Temperatur allerdings um 5 °C reduziert, erlangt das Polymer hydrophile Eigenschaften. In der Folge lösen sich initial adherente Zellen als Zellschicht vom Boden der Kulturschale ab. Durch Stapelung von drei Einzellschichtkulturen aus neonatalen Rattenkardiomyozyten, konnten kontraktile Konstrukte hergestellt werden. Nach Implantation auf infarzierte Rattenherzen zeigte sich eine verbesserte Herzfunktion und eine Vaskularisierung der Implantate (Shimizu et al. 2002).

In unserer Arbeitsgruppe wurde ein alternatives *Tissue Engineering* Verfahren zur Herstellung von *Engineered Heart Tissue* (EHT) entwickelt (Eschenhagen et al. 1997, Zimmermann et al. 2000). Dieses Verfahren fördert die spontane Aggregation von Herzzellen zu einem differenzierten Muskelnetzwerk. Als Trägermaterial wird das biologische Polymer Kollagen I verwendet, dem Hauptbestandteil der Extrazellulären Matrix. Durch Verwendung von Kollagen, Matrigel (Mischung aus Basalmembranproteinen und Wachstumsfaktoren) und mechanische Stimuli wird ein physiologisches Milieu geschaffen, was für eine weitere *in vitro* Reifung von Herzmuskelzellen essentiell ist (Zimmermann et al. 2002). Neben der Etablierung von EHTs aus Herzzellen embryonaler Hühner, neonataler Mäuse und Ratten ist es kürzlich auch gelungen, ES-Zellen bzw. deren myokardial differenzierte Derivate zur Herstellung von EHTs einzusetzen (Dissertation Christina Rogge 2007). Grundsätzlich zeigen EHTs aus postnatalen wie auch aus embryonalen Stammzellen wichtige strukturelle und funktionelle Eigenschaften von nativem Myokard (Zimmermann et al. 2002b). Implantationsstudien haben gezeigt, dass EHTs *in vivo* überleben, vaskularisiert werden sowie für mindestens acht Wochen *in situ* kontraktil bleiben (Zimmermann et al. 2002b). Des Weiteren konnte im Rahmen von experimentellen Therapiestudien gezeigt werden, dass die Implantation von EHTs auf infarzierte Rattenherzen mit einer linksventrikulären Funktionsverbesserung assoziiert ist (Zimmermann et al. 2006).

Einleitung

1.8 Aufgabenstellung

Die Konsequenz eines Herzmuskeldefektes ist häufig die Entwicklung einer Herzinsuffizienz. Bisherige pharmakologische Therapieformen erlauben keine echte Heilung eines myokardialen Gewebes, und Organtransplantate stehen nur begrenzt zur Verfügung. Die hohe Mortalitätsrate impliziert die Notwendigkeit neuer innovativer Therapieformen. Zell-/Gewebeersatz-basierte Regenerationsansätze zeigen in diesem Zusammenhang erste viel versprechende Ergebnisse. Entscheidend für die Weiterentwicklung in Richtung einer klinischen Applikation ist vermutlich die Identifikation und Anwendung von nicht-embryonalen sowie immunlogisch verträglichen Zellen.

Parthenogenetische Stammzellen (PS-Zellen) eignen sich möglicherweise zur Realisierung kardialer Gewebeersatztherapien, da diese ohne genetische Modifikation oder Tötung potentiell lebensfähiger Embryonen gewonnen werden können und darüber hinaus genomisch weniger Komplex als biparentale Stammzellen sind. Dementsprechend war die Ausgangshypothese dieser Dissertation, dass PS-Zellen zu funktionellen Myozyten *in vitro* und *in vivo* differenzieren können und dass kardiomyogene PS-Zell-Derivate genutzt werden können, um bioartifizielles Herzgewebe zu generieren.

Die Aufgabenstellung ist in Abbildung 2 schematisch dargestellt und lässt sich wie folgt zusammenfassen. Zunächst sollten murine PS-Zell-Linien etabliert werden. Eine basale Charakterisierung dieser Zellen sollte wichtige Einblicke in (i) die Stammzell-Identität, (ii) den Genotyp des immunrelevanten MHC-Locus sowie (iii) die epigenetische *Imprinting*-Signatur ermöglichen. In Bezug auf den beschriebenen Entwicklungsdefekt in Parthenoten sollte die Pluripotenz von PS-Zellen *in vitro* und *in vivo* untersucht werden. Dabei stand das kardiale Differenzierungspotential und die Funktionalität der kardiomyogenen Derivate im Fokus der Arbeit. In der Literatur gab es zu Beginn dieser Arbeit keinerlei Daten diesbezüglich. Vielmehr legten die *in vivo* Befunde einen mesodermalen Entwicklungsdefekt nahe. Die Funktionalität von PS-Zell-Myozyten sollte *in vitro* und in chimären Mausherzen sowie nach intramyokardialer Zelltransplantation *in vivo* untersucht werden. Als *proof-of-concept* für ein prinzipiell auch therapeutisch anwendbares Verfahren sollten funktionelle künstliche Herzgewebe in Form von *Engineered Heart Tissue* aus PS-Zellen entwickelt und charakterisiert werden.

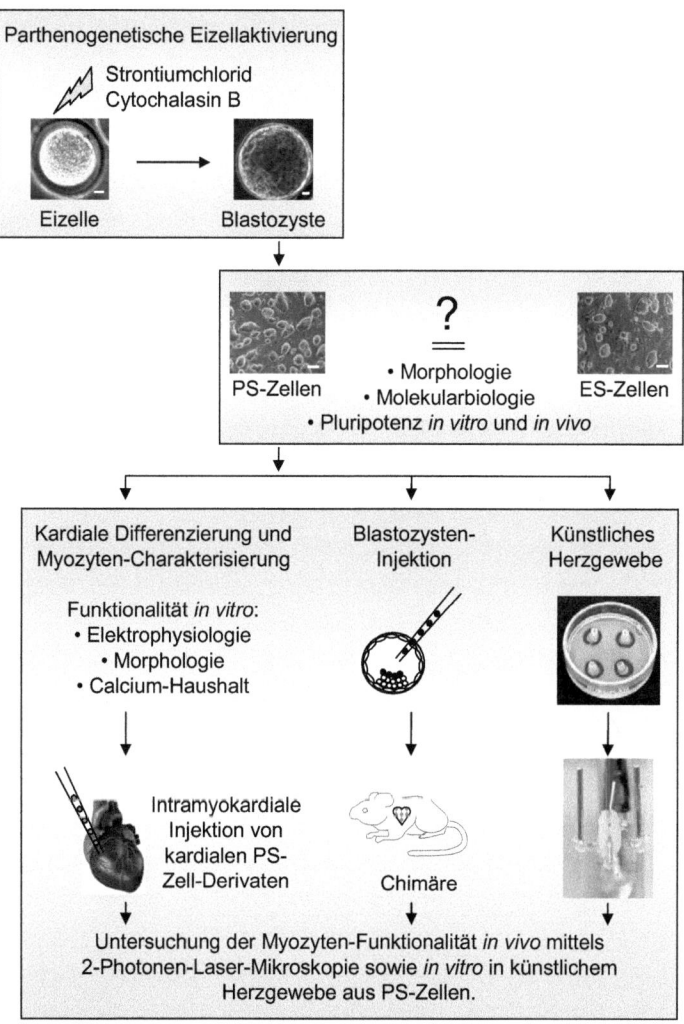

Abb. 2: Schematische Darstellung der Aufgabenstellung.

2 Methoden und Material

2.1 Zellbiologische Methoden

Organentnahmen zur Zellisolation und Tierversuche zur Gewinnung von Eizellen sowie Testung der Pluripotenz von PS-Zellen wurden durch die Tierschutzbehörden der Bundesländer Hamburg und Niedersachsen genehmigt. Genehmigungsnummern: Org#241 (MEF), Org#240 (Gewinnung von murinen Oozyten), Org#40/07 (Teratome).

2.1.1 Embryonale Mausfibroblasten

Primäre embryonale Fibroblasten der Maus (MEF) wurden unter sterilen Bedingungen aus 13-16 Tage alten Mausembryonen (Stamm: NMRI [*Naval Medical Research Institute*]) präpariert. Hierzu wurde den Embryonen der Kopf, die blutbildenden und intestinalen Organe sowie das Herz entnommen und verworfen. Die restlichen Gewebe wurden in Trypsinlösung (1:200; Difco; 0,2% in PBS) mechanisch durch Rühren mit Glaskugeln vereinzelt (35 min, RT). Der Trypsinverdau wurde durch Zugabe des doppelten Volumens an MEF-Medium beendet. Anschließend wurden die Zellen pelletiert (4 min, 4 °C, 1.000 x g) und in MEF-Medium resuspendiert.

Die vereinzelten Fibroblasten wurden auf Gewebekulturschalen ausplattiert und mit MEF-Medium kultiviert. Subkonfluente Zellen wurden zweimal nach jeweils zwei bis vier Tagen im Verhältnis 1:3 geteilt. Hierzu wurden die MEFs mit PBS gewaschen und anschließend mit 5 ml Trypsin/EDTA (0,25%) pro 150 mm Schale für 3 Minuten bei 37 °C inkubiert. Die Zellen wurden durch Triturieren vereinzelt und anschließend mit dem doppelten Volumen MEF-Medium zur Inaktivierung des Trypsins aufgenommen. Nach Pelletierung der Zellen (1.000 x g, 4 min, 4 °C) wurden diese in MEF-Medium resuspendiert und anschließend ausplattiert.

Methoden und Material

Um weitere Zellteilungen der MEFs zu verhindern, wurden die Zellen für zwei bis drei Stunden mit Mitomycin C (MMC; 10 µg/ml Medium) inkubiert und anschließend zweimal mit PBS gewaschen. Nach erneuter Inkubation mit Trypsin/EDTA (0,25%) wurden diese Zellen zunächst vereinzelt und auf gelatinierte (0,1%) Zellkulturschalen ausgebracht (50.000 MEF/cm^2). Teilungsinaktivierte Fibroblasten konnten für 5-7 Tage kultiviert werden (37 °C, 7% CO$_2$). Alternativ wurden die inaktivierten MEFs in Einfriermedium durch Senkung der Temperatur um 1 °C/h im Isopropanol-Einfriergefäß eingefroren und in flüssigem Stickstoff bis zur späteren Verwendung gelagert.

MEF-Medium: DMEM (Gibco #11960044), 10% FCS, 2 mM L-Glutamin, 1% nicht essentielle Aminosäuren (NEAA), 100 U/ml Penicillin und 100 µg/ml Streptomycin

Einfriermedium: 50% MEF-Medium, 40% FCS, 10% DMSO

2.1.2 Generierung von parthenogenetischen Stammzellen

PS-Zell-Linien wurden aus 6-8 Wochen alten Wildtyp (Hintergrund: C57BL/6 x DBA/2: F1-Generation: B6D2F1) und transgenen (α-MHC-EGFP; Hintergrund: C57BL/6 x DBA/2: F1-Generation: B6D2F1) Mäusen generiert. Dafür wurde zunächst die Eizellreifung durch intraperitoneale Injektion (i.p.) von PMSG (*pregnant mare serum gonadotropine*; 7,5 U) und 48 h später von hCG (*human chorionic gonadotropin*; 7,5 U) induziert. Die Ovidukte wurden 16 h nach der hCG-Injektion entnommen. Die Kumulus-Eizell-Komplexe (COC) wurden aus den angeschwollenen Ampullen unter Verwendung feiner Pinzetten freipräpariert. Die COC wurden anschließend in eine Hyaluronidase-Lösung (1 mg/ml, 10 min bei RT) überführt, um die Kumuluszellen enzymatisch von den Eizellen zu entfernen.

Die isolierten Eizellen wurden mit einer Mundpipette in mineralölbeschichtete Mediumtropfen (Ca^{2+}-freies CZB-Medium) überführt. Nach 3-maligem Waschen erfolgte die Aktivierung mit Strontiumchlorid (SrCl$_2$; 10 mM) für 6 Stunden. Die Ausschleusung des zweiten Polkörpers wurde gleichzeitig durch Cytochalasin B (5 µg/ml) verhindert. Nach der Aktivierung wurden die Eizellen mittels Mundpipette in Ca^{2+}-enthaltene (1,71 mM) CZB-Mediumtropfen überführt und für 6 Tage kultiviert (37 °C, 7% CO_2). Die sich aus den Eizellen entwickelten Blastozysten wurden auf Mitomycin C inaktivierter MEFs transferiert und für weitere 5 Tage in „Knock-Out" Medium kultiviert.

Ca^{2+}-freies CZB-Medium: in mM: NaCl 82,7, KCl 4,68, KH_2PO_4 1,17, $MgSO_4$ 1,18, D-Glucose 5,6, Na-Lactat 30,1, $EDTA_2Na$ 0,1, $NaHCO_3$ 25, Na^+-Pyruvat 0,62, Glutamin 1, mit Zusatz von 5 mg/ml BSA, 100 U/ml Penicillin und 100 µg/ml Streptomycin

Knock-Out-Medium: Knock-Out-Medium (Gibco #10829018), 20% Serumersatz, 1.000 U/ml „leukaemia inhibitory factor" (LIF; Chemicon), 2 mM L-Glutamin, 1% NEAA, 50 U/ml Penicillin, 50 µg/ml Streptomycin und 100 µM 2-Mercaptoethanol

Die Zellauswüchse der inneren Blastozysten-Zellmasse wurden manuell mit einer Pipette aufgenommen, in Trypsin/EDTA (0,25%) vereinzelt und in MEF-beschichtete 96-Well-Platten ausplattiert. Kultiviert wurden die PS-Zell-Kolonien mit Stammzell-Medium (SZ-Medium). Bei ausreichender Zellkoloniedichte (ca. 50-60% Konfluenz) wurden die PS-Zellen von der 96-Well auf eine 24-Well-Platte, später auf eine 6-Well-Platte und schließlich auf eine 10 cm Schale übertragen. Die einzelnen Passagen wurden ab der 6-Well-Kultur (Passage 1) fortlaufend gezählt.

SZ-Medium: DMEM (Gibco #42430025), 15% FCS, 1.000 U/ml LIF, 2 mM L-Glutamin, 1 x NEAA, 50 U/ml Penicillin, 50 µg/ml Streptomycin, 1 mM Na^+-Pyruvat, 1 x Nukleosidmix (30 µM Adenosin, 30 µM Guanosin, 30 µM Cytidin, 30 µM Uridin, 10 µM Thymidin) und 100 µM 2-Mercaptoethanol

Methoden und Material

2.1.3 Kultivierung parthenogenetischer- und embryonaler Stammzellen

Undifferenzierte PS- bzw. ES-Zellen wurden auf inaktivierten MEFs kultiviert (37 °C, 7% CO_2). Die Zellkulturgefäße (Nunc®; Nunclon Delta) wurden zuvor mit 0,1%iger Gelatinelösung beschichtet. Die subkonfluenten PS- und ES-Zellen wurden alle zwei Tage abhängig von der Zelldichte im Verhältnis 1:3 bis 1:6 geteilt. Hierzu wurden die Zellen mit PBS gewaschen, mit 3 ml Trypsin/EDTA (0,25%) supplementiert und 3 min bei 37 °C inkubiert. Eine Vereinzelung der Zellen wurde durch vorsichtiges Triturieren mit einer Pasteurpipette erzielt (unter mikroskopischer Kontrolle). Im Anschluss wurde der Trypsin-Verdau mit 10 ml SZ-Medium abgestoppt und die Zellen zentrifugiert (4 min, 4 °C, 1.000 x g). Die pelletierten Zellen wurden in SZ-Medium resuspendiert und erneut ausplattiert (Verhältnis 1:3-1:6). Das Zellkulturmedium wurde täglich gewechselt.

Zum Einfrieren wurden die undifferenzierten Zellen mit PBS gewaschen und mit Trypsin/EDTA (0,25%) abgelöst. Das Trypsin wurde durch Zugabe von 10 ml SZ-Medium inaktiviert. Darauf wurden die Zellen durch Zentrifugation (4 min, 4 °C, 1.000 x g) pelletiert und schließlich tropfenweise in eisgekühltem Einfriermedium (50% SZ-Medium, 40% FCS und 10% Dimethylsulfoxid; DMSO) aufgenommen. Die Zellen (ca. 5×10^7 Zellen/ml) wurden durch Senkung der Temperatur um 1 °C/h im Isopropanol-Einfriergefäß eingefroren und in flüssigem Stickstoff bis zur späteren Verwendung gelagert.

Das Auftauen erfolgte bei 37 °C im Wasserbad bis nur noch ein kleiner Eisklumpen vorhanden war. Dann wurde die Zellsuspension in mindestens dem dreifachen Volumen SZ-Medium aufgenommen. Diese Zellsuspension wurde zentrifugiert (4 min, 4 °C, 1.000 x g), das Pellet in SZ-Medium resuspendiert und die Zellen anschließend auf inaktivierten MEFs ausplattiert.

2.1.4 Karyotypisierung

Zur Chromosomenpräparation wurden PS-Zellen für 2 Stunden mittels Colcemid (0,2 µg/ml) in der Metaphase des Zellzykluses arretiert. Nach Vereinzelung der

Zellen (Trypsin/EDTA) erfolgte eine hypotone Behandlung durch Zusatz von KCl (0,075 M) für 15 Minuten. Im Anschluss wurden die Zellen fixiert (Methanol:Eisessig im Verhältnis 3:1). Metaphasen-Chromosome wurden auf vorgekühlte Objektträger ausgestrichen und bei 90 °C für 15 min getrocknet. Eine Anfärbung der Chromosomen erfolgte entweder direkt mit einer 5%igen Giemsa-Lösung (Sigma) oder nach Behandlung mit Trypsin (1%) zur Darstellung der GTG-Bänderung. Die Karyotypisierungen wurden freundlicherweise von Frau PD Dr. Sigrid Fuchs (Humangenetik, UKE, Hamburg) durchgeführt.

2.1.5 Bestimmung der Zellwachstumsgeschwindigkeit

5×10^4 undifferenzierte PS- und ES-Zellen wurden auf MEF-beschichtete Kulturschalen (ø 6 cm) ausplattiert. Alle 12 h erfolgte die Vereinzelung der Zellen (3 Schalen pro Zelllinie und Zeitpunkt) mit Trypsin/EDTA (0,25%). Die Zellzahl wurde mittels Neubauer-Zählkammer bestimmt. Die Verdoppelungszeit wurde aus dem linearen Intervall der resultierenden Wachstumskurve berechnet.

2.1.6 Genetische Manipulation von parthenogenetischen Stammzellen

2×10^7 vereinzelte PS-Zellen wurden in 800 µl PBS aufgenommen, in einer Elektroporationsküvette (BioRad; Gene-Pulser Küvette 0,4 cm) mit 25 µg linearisierter DNA (2.2.1.1): PGK-NeoR-IRES-EGFP-IRES-nLacZ (PGK-NIGIL; laufende Dissertation von can. med. Niclas Schofer) bzw. α-MHC-NeoR (kodiert zusätzlich für eine Hygromycin-Resistenz [HygroR] unter der Kontrolle des ubiquitär aktiven Phosphoglyceratkinase [PGK]-Promotors; freundlicherweise zur Verfügung gestellt von Prof. Loren Field, Krannert Research Institute, Indianapolis, USA) gemischt und elektroporiert (300 V, 1200 µF, Impuls 2 ms). Nach 10 min bei RT wurden die PS-Zellen in SZ-Medium resuspendiert und direkt auf vier, mit inaktivierten MEFs bewachsenen, Zellkulturschalen (ø 10 cm) ausplattiert.

Zwei Tage nach der Elektroporation wurde zur Selektion stabil transformierter PS-Zellen Hygromycin (100-200 µg/ml; Gibco) bzw. G418 (Geneticin; 200 µg/ml;

Gibco) zum Kulturmedium von α-MHC-NeoR- bzw. PGK-NIGIL-transformierten PS-Zellen gegeben. Resistente Zellklone wurden 10 Tage nach der Elektroporation isoliert. Dazu wurden die Zellen einmal mit PBS gewaschen und die Klone einzeln mit einer Pipettenspitze in etwa 25 µl PBS auf eine unbehandelte 96-Well-Platte überführt. Die durch Zugabe von 25 µl Trypsin/EDTA (0,25%; 4 min, 37 °C) vereinzelten PS-Zellen wurden mit 50 µl SZ-Medium versetzt und auf eine neue mit MEF beschichtete 96-Well-Platte transferiert. Zwei Tage später wurden die Zellen mit PBS gewaschen und mit Trypsin/EDTA (0,25%) abgelöst. Nach Zugabe des doppelten Volumens an SZ-Medium wurde ein Teil dieser Zellsuspension auf zwei mit MEF besiedelten 96-Well-Platten, die andere Hälfte auf 96-Well-Platten ohne MEFs überführt. Auf der letztgenannten wurden die Stammzell-Klone bis zur Konfluenz kultiviert und DNA zur Genotypisierung isoliert (2.2.1.2). Die PS-Zellen in den MEF-beschichteten 96-Well-Platten wurden weggefroren. Hierzu wurden die Zellen in Trypsin/EDTA (0,25%) vereinzelt und die Trypsin-Aktivität mit doppeltem Volumen SZ-Medium abgestoppt. Zu dieser Zellsuspension wurde das gleiche Volumen einer Mischung aus 80% FCS und 20% DMSO hinzugegeben. Nach Überschichten mit Mineralöl wurden die 96-Well-Platten bei -80 °C eingefroren. Im Falle der mit PGK-NIGIL elektroporierten PS-Zellen erfolgte zur Vorauswahl stabil transformierter Klone eine X-Gal-Färbung auf einer extra angelegten Lebendkultur-96-Well-Platte (2.3.3).

2.1.7 *In vitro* Differenzierung

2.1.7.1 Hängende Tropfen und Rollerflaschenkultur

Die *in vitro* Differenzierung von PS- und ES-Zellen erfolgte durch die Bildung von Embryoidkörpern (*embryoid bodies*; EBs) in hängenden Tropfen (Abb. 3). Hierbei enthielt jeder Tropfen 500 undifferenzierte PS- oder ES-Zellen in 20 µl Differenzierungsmedium. Nach zwei Tagen wurden die EBs in Petrischalen überführt und als Suspensionskultur weitere 5 Tage kultiviert. An Tag 7 der Differenzierung wurden die EBs auf gelatinierte Zellkulturschalen ausplatiert und für weitere 15 Tage kultiviert.

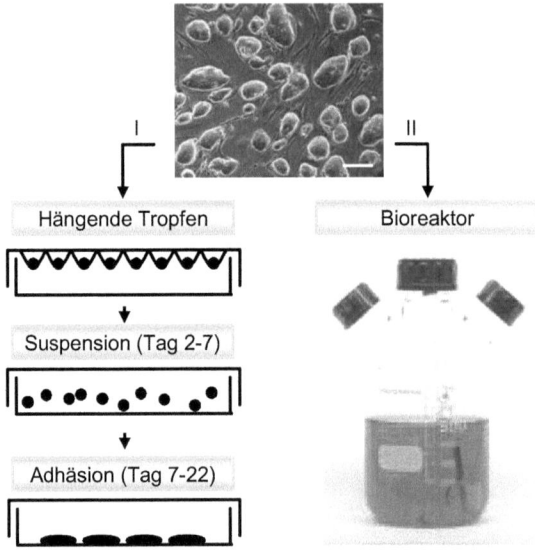

Abb. 3: *In vitro* **Differenzierung von PS- und ES-Zellen.** Die Differenzierung erfolgte über die Ausbildung von Embryoidkörpern entweder über hängende Tropfen (I) oder alternativ in Bioreaktorkulturen (II). Längenmaßstab = 100 μm.

Die Differenzierung der transgenen ES-Zell-Linie A6-α-MHC-NeoR erfolgte in Bioreaktorkulturen in Differenzierungsmedium (Abb. 3). Hierzu wurden initial 50×10^6 undifferenzierte ES-Zellen in Rührflaschen (500 ml) überführt und mit gleich bleibender Geschwindigkeit in Suspension gehalten (65 rpm). Nach 11-tägiger Differenzierungsphase wurde G418 (200 μg/ml) zum Differenzierungsmedium zugesetzt. Nach 5-tägiger Selektionsphase wurden die resistenten ES-Zell-abgeleiteten Kardiomyozyten geerntet.

Differenzierungsmedium: Iscove Medium (Biochrom #F0465), 20% FCS, 2 mM L-Glutamin, 1% NEAA, 100 U/ml Penicillin, 100 μg/ml Streptomycin, 100 μM 2-Mercaptoethanol

2.1.7.2 Zyktokin-Induktion

PS-Zellen wurden als Kryo-Kultur an das McEwen Zentrum für Regenerative Medizin (Toronto, Kanada; Prof. Gordon Keller) geschickt und dort anhand eines Zytokin-Induktionsverfahrens unter Verwendung von BMP4, Activin A und bFGF (in Anlehnung an Yang et al. 2008) kardial differenziert. Dadurch konnten Zellpopulationen generiert werden, die bis zu 50% kardiales Troponin T (cTnT) exprimierten (Quantifizierung cTnT positiver Myozyten mittel FACS durch die AG Keller, Toronto, Kanada). Diese Zellen wurden anschließend als Lebendkultur nach Indianapolis zur intramyokardialen Zelltransplantation (Prof. Loren Field, Krannert Research Institute, Indianapolis, USA) oder zurück nach Deutschland zur Herstellung künstlicher Herzgewebe geschickt.

2.1.8 In vivo Differenzierung

2.1.8.1 Teratom-Bildung

Zur Untersuchung der Pluripotenz *in vivo* wurden 1×10^6 undifferenzierte PS-Zellen subkutan in immundefiziente SCID-Mäuse injiziert. Nach drei Wochen erfolgte die echographische Untersuchung der Teratome *in vivo* mit dem Vevo 770® System (Visual Sonics, Toronto) unter Verwendung eines 30 MHz Schallkopfes (freundlicherweise von Dr. Michael Didié durchgeführt). Für histologische Analysen wurden die Mäuse mittels zervikaler Dislokation getötet und die Teratome entnommen (2.3.2).

3.1.7.2 Generierung chimärer Mäuse

Chimäre Mäuse wurden in Kollaboration mit Prof. Loren Field (Krannert Research Institute, Indianapolis, USA) generiert. Dafür wurden undifferenzierte PS-Zellen der Linie A3 (α-MHC-EGFP) in Blastozysten von Wildtyp (SW/J-Hintergrund) und transgenen (α-MHC-nLacZ; DBA2J-Hintergrund) Mäusen injiziert. Die resultierenden chimären Embryos wurden in den Uterus scheinschwangerer

Mäuse (SW/J-Hintergrund) transferiert. Chimäre Tiere konnte anhand eines gefleckten Fellmusters identifiziert werden. Die Herzen chimärer Mäuse wurden histologisch und mittels 2-Photon-Mikroskopie analysiert.

Zur Überprüfung der Keimbahngängigkeit erfolgte eine Verpaarung chimärer Tiere mit Wildtyp Mäusen. Die Nachkommen wurden hinsichtlich der Vererbung des Transgens (α-MHC-EGFP) überprüft.

2.1.8 Fluoreszenz-aktivierte Zellsortierung

EGFP positive Kardiomyozyten wurden aus *in vitro* differenzierten PS-Zellen (α-MHC-EGFP; Linie A3 und A6) aufgereinigt. Dafür wurden EBs (19-22 Tage nach Beginn der Differenzierung) zweimal 15 min mit Trypsin/EDTA (0,25%) behandelt und dann durch Titration vereinzelt. Nach Inaktivierung mit dem doppelten Volumen Differenzierungsmedium wurden verbleibende Zellaggregate durch Filtration (30 µm Zellsieb; Milenyi Biotec) entfernt. Nach Zentrifugation (10 min, 4 °C, 300 x g) wurden die Zellen in 1 ml PBS aufgenommen und EGFP-exprimierende Zellen über ein FACSAria System (Becton Dickinson) aufgereinigt. Differenzierte EGFP negative ES-Zell-Derivate dienten als Kontrolle.

2.1.9 *Engineered Heart Tissue* (EHT)

In autoklavierbare Glaskulturschalen (Ø 6 cm) wurden je vier Silikonschläuche (Ø 1 mm, etwa 80% Schalenhöhe) eingeklebt. Über diese Schläuche wurden Teflonscheiben (Ø 10,6 mm) gestülpt und die Schalen 5 mm hoch mit Silikon ausgegossen. Nach Aushärten des Silikons wurden die Teflonscheiben entfernt, so dass vier Vertiefungen von 10,6 mm Durchmesser mit einem zentralen Docht entstanden. Die Silikondochte wurden mit Teflonzylindern bestückt (Ø 4 mm). Dadurch entstanden vier ringförmige Gussformen (Innendurchmesser 4 mm, Außendurchmesser 10,6 mm) mit einem Fassungsvermögen von je ~ 450 µl (Abb.

Methoden und Material

4). Die Kulturschalen wurden ausgekocht, autoklaviert und bis zur weiteren Verwendung steril gelagert.

Alle zur Herstellung der EHTs notwendigen Pipettierschritte wurden auf Eis durchgeführt, um eine vorzeitige Aushärtung des Kollagen-Matrigel-Gemisches zu verhindern. Es wurde immer die gleiche Pipettierreihenfolge eingehalten. Kollagen Typ I (eigene Herstellung) wurde vorgelegt und volumengleich mit 2x Medium vermischt. Der zu diesem Zeitpunkt saure pH-Wert des Gemisches wurde mit NaOH (0,1 N) neutralisiert. Nach Zugabe von extrazellulärer Matrix des Engelbreth-Holm-Swarm Tumors der Maus (Matrigel®) erfolgte anschließend die Zugabe der Zellsuspension. Nach fünfmaligem Triturieren wurden zügig 450 µl der EHT-Mischung in jede Vertiefungen zwischen Silikon und Teflonröhrchen der autoklavierten Kulturschalen pipettiert. Diese Mischung wurde für 1 h bei 37 °C, 5% CO_2 und 40% O_2 inkubiert, um eine leichte Aushärtung des Kollagen-Zell Gemisches zu erreichen. Danach erfolgte die Zugabe von 6 ml Differenzierungsmedium pro Kulturschale.

Standard-Pipettierschema zur Herstellung von vier EHTs:

Kollagen Typ I (4,5 mg/ml)	392 µl	à 0,4 mg/EHT
2x Medium	478 µl	
NaOH (0,1 N)	86 µl	
Matrigel®	200 µl	à 10% v/v
Zellsuspension	844 µl	

<u>2x Medium</u>: 5 ml 10x DMEM, 5 ml Pferdeserum, 1 ml Hühnerembryonenextrakt, 200 U/ml Penicillin und 200 µg/ml Streptomycin mit Aqua ad injectabilia auf 25 ml aufgefüllt.

Im Rahmen dieser Arbeit wurden EHTs aus differenzierten PS-Zellen (Zytokin-Induktion, 2.1.7.2) und selektionierten Kardiomyozyten aus ES-Zellen (A6-α-MHC-NeoR, 2.1.7.1) mit und ohne Zusatz kardialer Nicht-Myozyten generiert. EHTs wurden zunächst drei Tage in den zirkulären Kulturschalen mit 6 ml Differenzierungsmedium kultiviert (5% CO_2, 40% O_2, 37 °C). Anschließend wurden die um den Teflonzylinder kondensierten EHTs vorsichtig herausgehoben und auf eine statische, vor Gebrauch autoklavierte Haltevorrichtung gespannt und maximal (6-8 mm) gedehnt (Abb. 4). Die Kulturdauer auf den Dehnungsvorrichtungen betrug fünf Tage bei PS- und drei Tage bei ES-Zell-EHTs, wobei alle zwei Tage das Medium gewechselt wurde (6 ml Differenzierungsmedium pro Kulturschale). Um eine Überwucherung der EHTs mit Nicht-Myozyten zu verhindern, wurde Cytosin-Arabinosid (Ara-C; 25 µM) zu den PS-Zell-EHTs bzw. G418 (200 µg/ml) zu den ES-Zell-EHT Kulturen zugegeben.

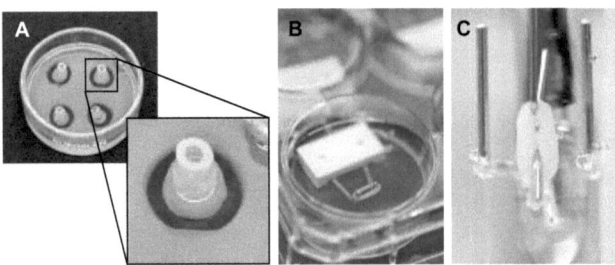

Abb. 4: Herstellung und Kultur von EHTs. (A) Gussform mit kondensierten EHTs. (B) An Kulturtag drei wurden EHTs auf statische Dehnungsapparaturen überführt. (C) Kontraktionskraftmessung im Organbad.

2.2 Molekularbiologische Methoden

2.2.1 DNA-Analysen

2.2.1.1 Isolation von Plasmid-DNA

Die zur Generierung transgener PS-Zell-Linien (2.1.6) verwendeten Plasmide PGK-NeoR-IRES-EGFP-IRES2-nLacZ (PGK-NIGIL) bzw. α-MHC-NeoR (Abb. 5) wurden mittels Hitzeschock (90 sec, 42 °C) in chemisch kompetente *E. coli* Bakterien des Stammes DH5α (Invitrogen) transformiert, auf Ampicillin-enthaltenen LB (*lysogeny broth*)-Agarplatten ausplattiert und über Nacht bei 37°C inkubiert. Am Folgetag wurden Einzelkolonien in 3 ml LB-Medium mit Ampicillin (100 µg/ml) überführt, bei 37 °C unter Schütteln inkubiert (über Nacht) und LB-Flüssigkulturen (250 ml) für Maxi-DNA-Präparationen angeimpft. Die DNA-

Isolation erfolgte mittels QIAGEN *Plasmid Maxi Kit* (Qiagen) nach Herstellerangaben. Die Nukleinsäurekonzentration wurde im UV-Spektrometer (Nano-Drop, Thermo-Scientific) durch Bestimmung der Absorption bei 260 nm ermittelt. Eine Absorptionseinheit entsprach einer Konzentration von 50 µg/ml.

LB-Medium: 1% Trypton, 0,5% Hefeextrakt, 1% NaCl, pH 7,4

LB-Agarplatten: 1,5% Agar und 100 µg/ml Ampicillin in LB-Medium

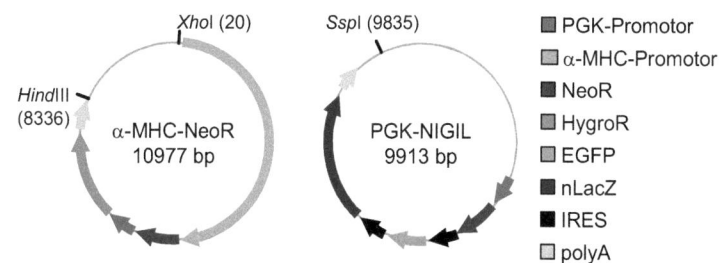

Abb. 5: Plasmide zur Herstellung transgener PS-Zellen. α-MHC-NeoR und PGK-NIGIL. Angegeben sind die Restriktionsschnittstellen zur Linearisierung.

Zur Elektroporation (2.1.6) wurden die jeweiligen Plasmide mittels Restriktionsverdau (αMHC-NeoR: *Hind*III und *Xho*I; PGK-NIGIL: *Ssp*I) 5 h gemäß Herstellerangaben (Puffer, Temperatur, Enzymkonzentration; New England Biolabs, NEB) linearisiert. Die entsprechenden Fragmente (α-MHC-NeoR: 8.316 bp; PGK-NIGIL: 9.913 bp) wurde über 1%ige Agarosegele separiert (1% Agarose und 0,4 µg/ml Ethidiumbromid in TAE-Puffer) und mit einem Skalpell ausgeschnitten. Die enthaltene DNA wurde mittels QIAquick *Gel Extraction Kit* (Qiagen) nach Herstelleranweisung extrahiert und aufgereinigt.

TAE-Puffer: 40 mM Tris-Acetat, 20 mM Na-Acetat, 1 mM EDTA, pH 7,5

Methoden und Material

2.2.1.2 Isolation von genomischer DNA

Zur Präparation genomischer DNA aus 96-Well-Platten wurden konfluent gewachsene PS-Zellen zweimal mit PBS gewaschen und pro Well 100 µl Lysispuffer (0,1% SDS, 300 µg/ml Proteinase K) zugesetzt. Die 96-Well-Platten wurden über Nacht in einer feuchten Kammer bei 55 °C inkubiert. Im Anschluss wurden 10 µl (1/10 Volumen) 8 M LiCl und 100 µl Isopropanol hinzugefügt und die Platten auf einem Schüttler bei 4 °C (über Nacht) inkubiert. Die DNA-Fällung erfolgte durch Zentrifugation (30 min, 4 °C, 1.500 x g). Das Pellet wurde mit 100 µl kaltem Ethanol gewaschen und erneut für 20 min bei 1.500 x g zentrifugiert. Im Anschluss wurde das Pellet bei 55 °C für etwa 10 min luftgetrocknet und die DNA in einer feuchten Kammer in 50 µl TE-Puffer über Nacht schüttelnd gelöst. Die DNA wurde entweder direkt zur Genotypisierung mittels PCR (2.2.1.3) eingesetzt oder für das Southern Blotting (2.2.1.4) vorbereitet.

2.2.1.3 Genotypisierung mittels PCR

Die genomische Integration der α-MHC-NeoR-Sequenz wurde mittels PCR verifiziert. Die PCR-Bedingungen und verwendeten Oligonukleotide zur PCR-Amplifizierung sind im Anhang in Tab. 1 aufgeführt. Das jeweilige PCR-Produkt wurde auf ein 1%iges Agarosegel aufgetragen und die Gelbilder mittels Chemie Genius^2 Bio Imaging System (Syngene) elektronisch festgehalten.

2.2.1.4 Genotypisierung mittels Southern Blot

Die genomische Integration der PGK-NIGIL-Sequenz wurde mittels Southern Blot verifiziert. Genomische DNA (10-15 µg) wurde mit 20-50 U Enzym (*PstI*) und 1 µl RNase (10 mg/ml) versetzt und über Nacht verdaut. Die gelelektrophoretische Auftrennung (1%iges Agarosegel) erfolgte mit langsamer Laufgeschwindigkeit (50 V). Im Anschluss wurde das Gel für 15 min mit 0,25 M HCl behandelt, um die DNA partiell zu depurinieren, und darauf in 0,4 M NaOH (15 min) denaturiert. Der Transfer der DNA erfolgte über Nacht mittels Kapillarblot-Verfahren unter

Methoden und Material

alkalischen Transferbedingungen (0,4 M NaOH) auf eine positiv geladene Nylonmembran (*Hybond N⁺*, Amersham Biosciences). Die Membran wurde in einer Rollflasche mit Hybridisierungslösung (ExpressHyb™, Becton Dickinson) inklusive frisch denaturierter Heringssperma-DNA (20 µg/ml) für 1 h bei 42 °C prähybridisiert. Nach Zugabe der radioaktiv markierten Sonde (α-^{32}P-dCTP; 1x10^6 cpm/ml Hybridisierungslösung) erfolgte die Hybridisierungsreaktion über Nacht bei 65 °C. Die radioaktive Markierung der LacZ-Sonde erfolgte unter Zuhilfenahme von Zufalls-Oligonukleotiden (*random hexamer primer; Roche*) mit dem Rediprime™ II Kit (Amersham Biosciences) nach Herstellerangaben. Die Membran wurde nach der Hybridisierung gewaschen (75 mM NaCl, 7,5 mM Natriumcitrat, 1% SDS, pH 7,0), anschließend feucht in Frischhaltefolie eingeschlagen und in einer *Phosphor-Imager*-Kassette für 24 h exponiert. Das Hybridisierungsmuster wurde über ein *Phosphor-Imager* System (FLA-3000, Fuji) visualisiert. Die Southern-Blot Genotypisierung wurde freundlicherweise in Zusammenarbeit mit Dr. Olaf Friese durchgeführt.

2.2.1.5 Bisulfit-Sequenzierung

Zur Analyse der Methylierung von Differenziell-Methylierten-DNA-Regionen (DMR) im H19, Igf2, Peg1, Igf2R und Dlk1-Gtl2 Locus wurde genomische DNA der PS-Zell-Linie A3 (P5 und P25) isoliert (*DNeasy Blood and Tissue Kit*; Qiagen) und einer Bisulfit-Behandlung mittels *EpiTect Bisulfite Kit* (Qiagen) nach Herstellerangaben unterzogen. Mittels Bisulfit wurden Cytosin-Reste in Uracil konvertiert, wobei methyliertes Cytosin unverändert blieb. Bei der anschließenden Amplifikation mittels PCR (*Nested* PCR: Primer und PCR-Bedingungen sind im Anhang Tab. 2 aufgeführt) wurden alle Uracil-Moleküle als Thymin gelesen. Methylierte Cytosine wurden allerdings weiterhin als Cytosin erkannt. Ein Sequenzvergleich nach DNA-Sequenzierung von Bisulfit-behandelter DNA und nicht behandelter DNA ermöglichte die Bestimmung des Methylierungs-Grades in den oben genannten Loci. Die Bisulfit-Sequenzierung wurde freundlicherweise am Max-Planck-Institut für molekulare Biomedizin (Direktor: Prof. Hans Schöler) von Dr. Dong Wook Han durchgeführt.

2.2.1.6 Mikrosatelliten-Analyse

Zur Identitätsbestimmung der hergestellten PS-Zell-Linien wurden jeweils 8 informative Mikrosatellitenmarker auf Chromosom 5 und 17 der Maus überprüft. Dafür wurden undifferenzierte PS-Zellen 45 min durch *preplating* angereichert und DNA gemäß den Angaben des *DNeasy Blood and Tissue Kits* (Qiagen) isoliert. DNA zur Kontrolle wurde aus der Leber von Mäusen (Mausstämme: C57BL/6, DBA/2 und B6D2F1) und aus MEFs (Mausstamm: NMRI) isoliert. Die PCR-Bedingungen und verwendeten Oligonukleotide zur PCR-Amplifizierung sind im Anhang in Tab. 3 aufgeführt. Das jeweilige PCR-Produkt wurde elektrophoretisch in 2,5-3%igen MoSieve® Agarosegelen (PeqLab) separiert. Die Mikrosatelliten-Analyse wurde in Zusammenarbeit mit Dr. Thomas Rau durchgeführt.

2.2.2 RNA-Analysen

2.2.2.1 Isolation von RNA

Gesamt-RNA aus 2D- und EHT-Kulturen wurden mittels TRIzol® (Invitrogen) isoliert. Undifferenzierte und differenzierte PS-Zellen wurden nach zweimaligem Waschen (PBS) in 1 ml TRIzol® aufgenommen, mit 200 µl Chloroform vermischt und für 15 sec geschüttelt (Vortex, Peqlab). Nach einer Inkubationszeit von 3 min bei RT wurden die Proben zur Beschleunigung der Phasenauftrennung zentrifugiert (15 min, 4 °C, 12.000 x g). Die RNA-enthaltende wässrige Phase wurde vorsichtig abgenommen, mit 500 µl Isopropanol versetzt, kurz geschüttelt und 10 min bei RT inkubiert. Im Anschluss wurde die RNA pelletiert (10 min, 4 °C, 12.000 x g) und in 75% Ethanol gewaschen. Nach erneuter Zentrifugation (5 min, 4 °C, 7.500 x g) erfolgte die Trocknung des RNA-Pellets (5-10 min bei RT). Das Präzipitat wurde je nach Größe in 10-40 µl DEPC-Wasser (0,1% in H_2O) gelöst und 10 min bei 56 °C zur Lösung von RNA-Doppelsträngen erwärmt. Die RNA-Konzentration wurde photometrisch bei einer Wellenlänge von 260 nm ermittelt (Nano-Drop, Thermo-Scientific). Eine optische Dichte (OD) von 1 entsprach einer RNA-Konzentration von 40 µg/ml. Die Lagerung der isolierten RNA erfolgte bis zur weiteren Verwendung bei -80°C.

EHTs wurden mittels Tissue-Lyser (Qiagen) in 600 µl TRIzol® homogenisiert und die RNA-Isolation erfolgte nach dem beschriebenen Protokoll.

Für Transkriptomanalysen mittels Affymetrix Gene-Array Technologie wurden undifferenzierte PS-Zellen 45 min durch *preplating* angereichert und RNA gemäß den Angaben des *RNeasy Kits* (Qiagen) mit zusätzlichem DNAse-Verdau (Qiagen) isoliert.

2.2.2.2 Reverse Transkription

1 µg (quantitative PCR, 2.2.2.4) oder 2 µg (semi-quantitative PCR, 2.2.2.3) RNA wurde mittels Reverser Transkriptase (RT) unter Verwendung von Oligo(dt)-Primern in cDNA gemäß Herstellerangaben des *SuperScript II RNase H Reverse Transkriptase Kits* (Invitrogen) umgeschrieben, in DEPC-Wasser verdünnt (1:5) und bis zur weiteren Verwendung bei -20°C gelagert.

2.2.2.3 Semi-quantitative PCR

In undifferenzierten und differenzierten PS-Zellen wurden die Expression zelltyp-spezifischer Transkripte mittels semi-quantitativer PCR untersucht (verwendete Primern und PCR-Bedingungen siehe Anhang Tab. 4). Der Reaktionsansatz zur Amplifikation wurde entsprechend den Angaben der AmpliTaq Gold® DNA Polymerase (Applied Biosystems) gewählt. Die amplifizierte cDNA wurde über ein 1%iges Agarosegel separiert und die Größe der separierten Fragmente über einen Molekulargewichtsmarker bestimmt (*Gene Ruler*™ 100 bp, Fermentas). Die elektrophoretische Auftrennung wurde mittels Chemie Genius[2] Bio Imaging System (Syngene) dokumentiert.

2.2.2.4 Quantitative PCR

Die mRNA-Expression wurde mittels quantitativer PCR mit einem ABI PRISM 7900HT *Sequence Detection System* (Applied Biosystems) laut Herstellerhandbuch bestimmt. Die Quantifizierung des Amplifikationsproduktes in Echtzeit wurde zum einen mittels spezifischer Taqman®-Sonden zum anderen mittels SYBR-Green® Fluoreszenzfarbstoff (SYBR-Green®, Applied Biosystems) durchgeführt.

Die Taqman®-Sonden waren am 5'-Ende mit einem Reporter-Fluoreszenzfarbstoff (6-Carboxyfluorescein; FAM) und am 3'-Ende mit einem Quencher-Farbstoff (6-Carboxy-tetramethylrhodamin; TAMRA) markiert. Wenn die Taq-Polymerase (AmpliTaq Gold®), die zusätzlich zur Polymeraseaktivität eine 5'-3'-Exonukleaseaktivität besitzt, die Sonde während der Synthese des Gegenstranges am 5'-Ende abbaut, entfernen sich dadurch Quencher und Reporter voneinander, und eine steigende Reporter-Fluoeszenz kann gemessen werden. Diese steigt entsprechend der Akkumulation des spezifischen PCR-Produkts mit jedem PCR-Zyklus an.

Das Prinzip der SYBR-Green PCR basiert auf einem sequenzunspezifischen Einbau des Fluoreszenzfarbstoffes SYBR-Green® während der DNA-Amplifikation. Vergleichbar zur Detektion der Taqman®-Sonden erfolgt die Messung der Fluoreszenz-Zunahme mit jedem PCR-Zyklus. Im Anschluss an einen SYBR-Green PCR-Lauf wurde immer eine Schmelzpunktanalyse durchgeführt, um die Spezifität der Amplifikation zu überprüfen. Dabei können durch einen graduellen Temperaturanstieg unspezifische Produkte, wie Primerdimere und DNA-Kontaminationen in den Proben festgestellt werden. Zusätzlich wurde das PCR-Produkt auf ein 1%iges Agarosegel aufgetragen, um die Fragmentgröße des PCR-Produkts zu verifizieren.

Glycerinaldehyd-3-phosphat-Dehydrogenase (GAPDH) wurde als interner Standard verwendet. Die Analyse erfolgte unter Verwendung des *TaqMan® Universal PCR-Master Mix* (Applied Biosystems) bzw. *SYBR-Green PCR-Master Mix* (Applied Biosystems). Die verwendeten Primer- bzw. Sondensequenzen und

Methoden und Material

das verwendete PCR-Programm sind im Anhang in Tab. 5 aufgeführt. Alle Messungen wurden als Dreifachbestimmung mit der *ABI PRISM 7900HT Sequence Detection System Software*, Version 2.1.2 analysiert. Die mRNA-Menge wurde über den Vergleich der relativen Ct-Werte unter Verwendung der $2^{-\Delta\Delta Ct}$-Formel bestimmt (Livak und Schmittgen 2001). Dafür wurden die GAPDH Ct-Werte von den Ct-Werten der zu bestimmenden RNA subtrahiert (ΔCt). Der Mittelwert der ΔCt-Werte der Kontrollgruppe wurde wiederum von jedem einzelnen ΔCt-Wert abgezogen, wodurch $\Delta\Delta$Ct-Werte erhalten wurden. Nach Aufhebung des natürlichen Logarithmus ($2^{-\Delta\Delta Ct}$) kann die relative Änderung der Transkriptkonzentration bezogen auf die Kontrollgruppe dargestellt werden.

2.2.2.5 Affymetrix Gene-Arrays

Das Transkriptom von undifferenzierten und differenzierten PS-Zellen und ES-Zellen wurde mittels Affymetrix®-Technologie am Institut für Biomedizinische Technologien (Direktor: Prof. Martin Zenke) durch Dr. Qiong Lin durchgeführt. Das Messprinzip beruht auf einem herstellerspezifischen Protokoll, welches hier kurz skizziert werden soll: Die Aufbereitung der RNA-Proben erfolgte durch das Umschreiben und somit die lineare Amplifikation der mRNA in Immunfluoreszenz-markierte cRNA (*One-Cycle Target Labeling Kit*, Affymetrix). Die cRNA wurde fragmentiert und schließlich auf Affymetrix-DNA-Chips hybridisiert. Die Auswertung der DNA-Chips erfogte unter Zuhilfenahme eines Laserscanners. Durch Vergleich der relativen Fluoreszenzintensität wurde der Unterschied der Transkriptmengen bestimmt.

2.3 Histologische Untersuchungen

2.3.1 Immunfluoreszenzfärbung

2D Kulturen in 24- bzw. 96-Well-Kulturschalen wurden 5 min in 4%iger Formaldehydlösung (FA; pH 7,4) inkubiert. Die fixierten Zellen wurden 2 x 5 min mit Tris-Puffer (TBS) gewaschen und für 30 min mit Blocklösung inkubiert, um

Methoden und Material

unspezifische Bindungen der nachfolgenden Antikörperfärbung zu vermeiden. Nach erneutem Waschen (5 min mit TBS) erfolgte die Inkubation (über Nacht bei 4 °C) mit dem jeweiligen primären Antikörper. Nach zweimaligem Waschen mit TBS wurde der entsprechende sekundäre Antikörper für 60 min zugegeben. Verwendete primäre und sekundäre Antikörper sowie deren eingesetzte Konzentration sind im Anhang Tab. 6 aufgeführt. Die Zellkerne wurden mittels 4',6-diamidino-2-phenylindole (DAPI; 1 µg/ml) angefärbt. Morphologische Untersuchungen erfolgten per konfokaler Laserscanningmikroskopie (Zeiss 510 META).

EHTs wurden wie oben beschrieben gefärbt, allerdings mit folgenden Abweichungen. Fixiert wurde über Nacht in FA (4%) und anschließend für 12 Stunden gewaschen (1xTBS). Blockiert wurde für 5 h und die Inkubation mit dem primären Antikörper betrug drei Tage. Nach einem Waschschritt von 24 h in TBS erfolgte die Inkubation mit dem sekundären Antikörper für 3 h. Vor dem Eindeckeln mit Mowiol 4-88 wurden EHTs 4 x 20 min mit TBS gewaschen.

10xTBS-Puffer: 0,05 M Trishydroxymethylaminmethan *ultra pure* (TBS), 0,15 M NaCl, pH 7,4 eingestellt mit HCl

Blocklösung: 10% Ziegenserum, 1% BSA, 0,5% Triton X-100 in TBS

2.3.2 Hämatoxylin-Eosin (H&E) Färbung

Die entnommenen Teratome wurden über Nacht in FA (4%) inkubiert. Die fixierten Gewebe wurden 24 h in PBS gespült und in einer aufsteigenden Isopropanolreihe bei RT dehydriert: 70% (3 h), 80% (3 h), 96% (3 h), 96% (3 h), 100% (3 h), 100% (über Nacht) und in vorgewärmtem (60 °C) Isopropanol (1 h). Im Anschluss erfolgten weitere Inkubationen für 4 h bei 60 °C in einer Isopropanol-Paraffinlösung (Verhältnis 1:1), in reinem Paraffin 2 x 2 h bei 60 °C und letztlich über Nacht in frischem Paraffin bei 60 °C. Das Gewebe wurde in einer geeigneten Form mit Paraffin ausgegossen. Nach Aushärtung über Nacht bei 4 °C wurden Paraffinschnitte (Dicke: 4 µm) mit einem Mikrotom (Leica RM 2125 RT)

Methoden und Material

angefertigt. Nach Streckung in einem 37 °C warmen Wasserbad wurden die Schnitte auf Objektträger (HistoBond®) aufgezogen.

Für die Doppelfärbung mit Hämatoxylin (selektive Kernfärbung) und Eosin (Zytosolfärbung) wurden die Mikrotomschnitte mit RotiHistol® (Roth) entparaffiniert (2 x 15 min), in einer absteigenden Ethanolreihe (2 x 100%, 2 x 96%, 80%, 70%) für jeweils 5 min rehydriert und bis zur Kernfärbung 20 min in Mayers Hämalaunlösung inkubiert. Nach Spülen in H_2O und Bläuen in fließendem Leitungswasser für 10 min wurden die Schnitte mäßig mit Eosinlösung (0,1% Eosin G, Merck) 10-20 min gefärbt, in H_2O 1-5 min gewaschen, in einer aufsteigenden Ethanolreihe (96%, 100%, je 2 x 2 min) und RotiHistol® (kurz eintauchen) dehydriert und mit Eukitt® Einschlussmedium für die Histologie eingebettet. Die Dokumentation erfolgte am Mikroskop (Zeiss-Axioplan IM-35).

Mayers Hämalaunlösung: 1% Hämatoxylin, 0,2% $NaJO_3$, 50% $KAl(SO_4)_2$, 50% Chloralhydrat, 1% Zitronensäure in H_2O

2.3.3 X-Gal-Färbung

Stabil mit PGK-NIGIL transformierte PS-Zellen (3.1.5) wurden 5 min in FA (4%) fixiert, dann zweimal mit PBS gewaschen und anschließend für 3 h in der X-Gal (5-Bromo-4-chloro-3-indolyl-beta-D-galactopyranosid)-Färbelösung bei 37°C und vor Licht geschützt inkubiert.

Zur X-Gal-Färbung entnommener Teratome wurden nach Entnahme für 25 min in FA (4%) bei 4°C fixiert, dann dreimal für 10 min bei 4 °C in PBS gewaschen und anschließend bis zu 8 h in der X-Gal-Färbe-Lösung im Dunkeln bei 37 °C inkubiert. Die Teratome wurden zweimal 10 min bei 4 °C in PBS gewaschen und die Blaufärbung fotografisch festgehalten.

X-Gal-Färbelösung: 2 mM $MgCl_2$, 5 mM $K_3[Fe(CN)_6]$, 5 mM $K_4[Fe(CN)_6]$, 1 mg/ml X-Gal in PBS

Methoden und Material

2.3.4 Alkalische Phosphatase Aktivität

Der Aktivitätsnachweis der alkalischen Phosphatase in undifferenzierten PS-Zellen erfolgte mit dem *vector red substrate kit* (Vector Laboratories) nach Herstellerangaben.

2.4 Physiologische Charakterisierung

2.4.1 Analyse der intrazellulären Calcium-Konzentration

FACS-aufgereinigte (2.1.8) EGFP-positive Kardiomyozyten wurden für fünf Tage in Laminin-beschichteten 96-Well-Platten mit dünnem Folienboden (Nunc CytoWell) kultiviert (37 °C, 7% CO_2). Zur relativen intrazellulären Ca^{2+} Konzentrations $[Ca^{2+}]i$-Bestimmung erfolgte eine Beladung der Zellen mit dem Ca^{2+}-sensitiven Fluoreszenzfarbstoff Rhod-2 (5 µg/ml) in HEPES-gepufferter Tyrode-Lösung. Die Messungen der Ca^{2+}-Signale erfolgten an unstimulierten Kardiomyozyten bei RT im konfokalen *Line-Scan* Modus (Zeiss LSM 510 META). Der Farbstoff Rhod-2 wurde mittels Helium-Neon Laser bei 545 nm angeregt und das emittierte Fluoreszenzlicht bei 581 nm gemessen. Die $[Ca^{2+}]i$-Änderung wurde als Änderung der Fluoreszenzintensität zum Rhod-2 Grundsignals berechnet. Die Ca^{2+}-Messungen wurde in Zusammenarbeit mit Dr. Michael Didié durchgeführt.

HEPES-gepufferte Tyrode-Lösung: 134 mM NaCl, 4 mM KCl, 1,8 mM $CaCl_2$, 1,2 mM $MgSO_4$, 1,2 mM NaH_2PO_4, 11 mM Glucose, 10 mM HEPES

2.4.2 2-Photonen-Laser-Mikroskopie

Embryonale Herzen chimärer Mäuse (Tag 14 der Embryonalentwicklung; n=6) wurden in Tyrode-Lösung mit Zusatz von Butandionmonoxim (BDM; 50 mM) und dem Ca^{2+}-sensitiven Fluoreszenzfarbstoff Rhod-2 (10 µM) für 10 min beladen. Chimäre Herzen neonataler (Tag 15; n=2) und drei Monate alter Mäuse (n=1) wurden nach Entnahme kanüliert und mit Tyrode-Lösung mit Zusatz von BDM (50 mM) und Rhod-2 (10 µM) durchspült. Nach 10-30-minütigem Waschen in BDM-haltiger Tyrode-Lösung erfolgte die Ca^{2+}-Messung unter Zusatz des Kontraktionsentkopplers Cytochalasin D (50 µM). Alle Aufnahmen wurden unter elektrischer Stimulation gefolgt von einer Phase der Spontanaktivität aufgezeichnet. Hierzu wurden die Herzen einem gepulsten langwelligen Licht (Wellenlänge 810 nm; Spectraphysics, Mountain View, CA) ausgesetzt, um gleichzeitig Photonen des rot-fluoreszierenden Rhod-2-Farbstoffes (2.4.1) und des grün-fluoreszierenden Proteins (EGFP; stabiles PS-Zell-Signal) anzuregen. Die Aufnahmen des emittierten Lichtes erfolgte über Photodetektoren mit vorgeschalteten 560-650 nm und 500-550 nm Bandpassfiltern (Rubart et al. 2003).

Zusätzlich wurden intrazellulärer Ca^{2+}-Messungen 3 Wochen nach intramyokardialer Injektion α-MHC-EGFP-PS-Zell-abgeleiteter Kardiomyozyten aufgezeichnet. Die 2-Photonen-Laser-Mikroskopie erfolgte in Kollaboration mit Prof. Michael Rubart (Krannert Research Institute, Indianapolis, USA).

2.4.3 Aktionspotenial-Messung

Spontane Aktionspotentiale (AP) FACS-aufgereinigter Kardiomyozyten wurden in Kollaboration mit Dr. Alexander Schwörer und Prof. Heimo Ehmke (Institut für vegetative Physiologie, UKE Hamburg) mittels Standard Patch-clamp Technik (Hamill et al. 1981) durchgeführt. Die auf Glasplättchen kultivierten Zellen wurden in der Messkammer kontinuierlich mit einer modifizierten Tyrode-Lösung superfundiert. Zur weiteren funktionellen Charakterisierung der Kardiomyozyten erfolgte in einigen Experimenten der Zusatz von Tetrodotoxin (1 µM) oder Nifedipin (1 µM). Zur Messung wurden fein gezogene Glaspipetten mit einem Widerstand von 3,3±0,1 MΩ und folgender intrazellular Lösung verwendet: 120 mM K^+-Glutamat, 10 mM KCl, 2 mM $MgCl_2$, 10 mM EGTA, 10 mM HEPES, 2 mM Na_2-ATP, pH 7,2.

<u>Tyrode-Lösung:</u>   138 mM NaCl, 4 mM KCl, 1 mM $MgCl_2$, 0,33 mM NaH_2PO_4, 2 mM CaCl2, 10 mM Glucose, 10 mM HEPES, pH 7,30

Methoden und Material

Das Aufsetzen der Glaspipette auf die Zellmembran lässt einen abgedichteten Bereich (*sealed patch*) entstehen. In der *whole-cell* Konfiguration entsteht durch kurze Applikation eines Unterdrucks in der Glaspipette ein Durchbruch der Zellmembran, so dass ein elektrischer Zugang zum Zellinneren entsteht. APs wurden unmittelbar nach Durchbruch der Zellmembran für mindestens 2 min aufgezeichnet und mittels IGOR-Software (WaveMetrics) ausgewertet. Analysierte Parameter waren: (i) das Membranpotential (V), (ii) der Stromfluss (I), (iii) das maximale diastolische Potential (MDP), (iv) die AP-Amplitude (APA), (v) die maximale Rate des AP-Anstiegs (max dV/dT) und (vi) die AP-Dauer bei 20, 50 und 90% Repolarisation (APD20, APD50, APD90). Die AP-Messungen erfolgten bei RT.

2.4.4 Kontraktionskraftmessung

Zur Kontraktionskraftmessung wurden PS- und ES-Zell-EHTs ohne Vordehnung in temperierte (37 °C), mit Tyrode-Lösung gefüllte Organbäder zwischen ein Haltehäkchen und einen induktiven Kraftaufnehmer aufgehängt (Abb. 4C). Die Tyrode-Lösung wurde zur pH-Einstellung (pH 7,4) mit Carbogen (95% O_2, 5% CO_2) begast. Nach einer Äquilibrationszeit von 15 min wurden die EHTs elektrisch stimuliert (Pulsfrequenz 4 Hz, Pulsdauer 5 ms, Stromstärke 10% über Schwelle, 40-80 mA). Bis zum Erreichen eines stabilen Kraftniveaus wurden die EHTs vorgedehnt. Alle Messungen der Kontraktionskraft wurden bei optimaler Vordehnung (Lmax) durchgeführt. Neben kumulativen Konzentrationswirkungskurven für Ca^{2+} (0,4-2,4 mM) wurde das Ansprechen auf β-adrenerge Stimulation mit Isoprenalin (1 µM bei 0,8 mM Ca^{2+}) untersucht. Nach jeder Substanzzugabe wurde bis zum Erreichen eines Äquilibriums mindestens 5 min gewartet, bevor eine weitere Intervention vorgenommen wurde. Die Erfassung der Daten erfolgte über ein PC-gestütztes Biomonitoring System (BMON, Ingenieurbüro G. Jäckel, Hanau). Die Messverstärker wurden vor jeder Messung kalibriert. Die Ausgabe der minimalen und maximalen Kraft erfolgte durch die Messsoftware als Mittelwert einer Sekunde. Die Kontraktionskraft wurde aus der Differenz von maximaler Kraft und der Grundspannung (minimale Kraft) errechnet (freundlicherweise in Zusammenarbeit mit Dr. Michael Didié durchgeführt).

Methoden und Material

Tyrode-Lösung: 119,8 mM NaCl, 5,4 mM KCl, 0,2-2,8 mM $CaCl_2$, 1,05 mM $MgCl_2$, 22,6 mM $NaHCO_3$, 0,42 mM NaH_2PO_4, 5,05 mM Glucose, 0,05 mM Na_2EDTA und 0,28 mM Ascorbinsäure

2.5 Statistische Auswertung

Die Daten werden als arithmetischer Mittelwert±Standardfehler des Mittelwertes (SEM) präsentiert. Mit „n" wurde die Anzahl der Tiere bzw. Einzelversuche bezeichnet. Die statistische Signifikanz wurde mittels zweiseitigem Student t-Test für unverbundene Stichproben ermittelt. Bei direktem Vergleich von mehr als zwei Versuchsgruppen wurde eine Varianzanalyse mittels ANOVA gefolgt von einem Bonferroni *post-hoc* Test durchgeführt. Alle Analysen wurden mit der *GraphPad Software* durchgeführt. Ein p-Werte kleiner 0,05 wurden als signifikant angenommen.

2.6 Material

2.6.1 Substanzen

- Aceton, Apotheke Roth, Deutschland
- Agarose, Invitrogen, Deutschland
- Ampicillintrihydrat, Serva, Deutschland
- Aqua ad injectabilia (bidestilliert, deionisiert, pyrogenfrei), Pharmacia & Upjohn GmbH, Deutschland
- Ascorbinsäure, Merck, Deutschland
- Bacto Trypton, Becton Dickinson, USA
- Bacto Yeast-Extract (Hefe-Extrakt), Becton Dickinson, USA
- *BigDye Terminator Ready Reaction Mix*, Applied Biosystems, Deutschland
- Bovines Serumalbumin (BSA), Sigma Chemical Co., USA
- Bovines Serumalbumin (BSA), 100x, NEB, USA
- 5-Brom-4-chlor-indolyl-ß-D-galaktosid (X-Gal), Sigma, Deutschland
- *Calf intestinal alkaline phosphatase* (CIP), NEB, USA

Methoden und Material

- Calciumchlorid ($CaCl_2$), Merck, Deutschland
- Carbogengas (95% O_2, 5% CO_2), Linde AG, Deutschland
- *Chick embryo extract*, Hühnerembryonenextrakt, CEE, eigene Herstellung
- Chloroform, Merck, Deutschland
- 4',6-Diamidino-2-phenylindol (DAPI), Sigma, Deutschland
- Dimethylsulfoxid (DMSO), Sigma, Deutschland
- DMEM, Gibco-BRL, Deutschland
- DNA *ladder*, 1 kb, NEB, USA
- DNA *ladder*, 100 bp, NEB, USA
- dNTP-Mix, MBI Fermentas, USA
- D-PBS, Gibco, Deutschland
- Eosin G, gelblich, Merck, Deutschland
- Ethanol, Apotheke Roth, Deutschland
- Ethidiumbromid-Lösung, wässrig, 1%, Fluka, Deutschland
- Ethylendiamintetraessigsäure-di-Natriumsalz (Na_2EDTA; Titriplex® III), Merck, Deutschland
- Fetales Kälberserum (FCS), PAA, Deutschland
- Formaldehyd, säurefrei mindestens 37%, Merck, Deutschland
- Formalin Solution Roti Histofix 4%, Carl Roth, Deutschland
- Gelatine, Sigma, Deutschland
- Geneticinsulfat (G418), Gibco, Deutschland
- Glucose, Merck, Deutschland
- Glutamin (100x=200 mM), Gibco-BRL, Deutschland
- Glycerol, Merck, Deutschland
- Glycin, fluoreszenzfrei, Sigma Chemical Co, USA
- Hämatoxylin, Sigma Chemical Co, USA
- Harbor Extracellular Matrix, TEBU GmbH, Deutschland
- Hybridisierungslösung ExpressHyb Solution, BD Bioscience, USA
- Hydrogenchlorid (HCl), Merck, Deutschland
- [2-Hydroxyethyl]piperazin-N-[2-ethansulfonsäure] (HEPES), Sigma Chemical Co., USA
- Hygromycin, Sigma, Deutschland
- (±)-Isoprenalin-HCl, Sigma Chemical Co, USA
- Isopropranolol, Merck, Deutschland

Methoden und Material

- Kaliumhexacyonoferrat III, Sigma, Deutschland
- Kaliumdihydrogenphosphat (KH_2PO_4), Merck, Deutschland
- *Leukemia Inhibitory Factor* (LIF),10^7 U/ml, Esgro Chemicon, Deutschland
- Litiumchlorid (LiCl), Merck, Deutschland
- *Loading dye,* 6x, Fermentas, Deutschland
- Magnesiumchlorid ($MgCl_2$), Merck, Deutschland
- Magnesiumsulfat ($MgSO_4$), Merck, Deutschland
- Methanol, Merck, Deutschland
- MEM, *non-essential amino acids*, Gibco, Deutschland
- 2- Mercaptoethanol, Gibco, Deutschland
- Mineralöl, Paddock Laboratories, NDC# 0574-0618-16, USA
- Minimal Essential Medium (MEM), Gibco BRL, Life Technologies LTD, Schottland
- Mitomycin C, Sigma, Deutschland
- Mowiol 4-88, Calbiochem, Deutschland
- Natriumchlorid (NaCl), Merck, Deutschland
- Natriumhydrogenphosphat (Na_2HPO_4), Merck, Deutschland
- Natriumhydroxid (NaOH), Merck, Deutschland
- Natriumpyruvat, Gibco, Deutschland
- NEB*uffer* 1-4, NEB, USA
- NucleoSpin plasmid isolation kit, Macherey & Nagel, Deutschland
- ^{32}P-dCTP, Amersham, Deutschland
- Penicillin/Streptomycin (100x; P/S), Gibco-BRL, Deutschland
- Pferdeserum, Gibco-BRL, Deutschland
- *Prime*STAR HS DNA Polymerase, Takara Bio Europe, Frankreich
- *Prime-IT RmT Random Primer Labeling Kit,* Amersham, Deutschland
- Puffer P1, P2, P3, Qiagen, Deutschland
- *Qiaquick Gel Extraction Kit*, Qiagen, Deutschland
- *SYBR-Green PCR-Master Mix*, Applied Biosystems, Deutschland
- Sodium-dodecyl-sulfat (SDS), Sigma Chemical Co, USA
- *SuperScript II RNase H Reverse Transkriptase Kit*, Invitrogen, Deutschland
- T4 DNA Ligase, NEB, USA
- T4 DNA Ligase *buffer*, NEB, USA
- *TaqMan*® *Universal PCR-Master Mix*, Applied Biosystems, Deutschland

Methoden und Material

- Thimerosal, Sigma Chemical Co, USA
- *Tissue freezing medium* (Tissue Tec®), Leica Mikrosysteme Vertrieb GmbH, Deutschland
- Topo® *Cloning Vector*, Invitrogen, Deutschland
- 2,4,6-Tris(dimethylaminomethyl)phenol (DMP30), Sigma, Deutschland
- Trishydroxymethylaminmethan (Tris), Merck, Deutschland
- Triton-X 100, Fluka, Deutschland
- Trypsin EDTA, Gibco, Deutschland
- Xylol, Roth, Deutschland

Alle verwendeten Substanzen verfügten über den höchsten im Handel erhältlichen Reinheitsgrad.

2.6.2 Hilfsmittel und Geräte

- Agarose GEL Electrophoresis System Sub-Cell GT, Bio-Rad Laboratories, USA
- Autoklav, Wesarg, Medizintechnik, Deutschland
- Brutschrank, Hera cell 240, Heraeus Instruments, Deutschland
- Brutschrank, BBD 6220 Heraeus Instruments, Deutschland
- Cell Counter CASY, Schärfe System, Deutschland
- Curix cassette 35X43 cm, AGFA-GEVAERT, USA
- Einfriergefäße 1,8 ml, Nunc, Deutschland
- Einwegspritzen, Injekt 10 ml, 20 ml, B.Braun Melsungen AG, Deutschland
- Elektroporationsküvette, BioRad Laboratories, USA
- Eppendorf Safe Lock Reaktionsgefäße, Deutschland
- Feinanalysewaage, Mettner H51, Deutschland
- Fluoreszenzmikroskop, Axioplan mit Kamera, Carl Zeiss, Deutschland
- Fuji Imaging Plate 23X40 cm, FUJI, Deutschland
- Gene Pulser II Bio-Rad Laboratories, USA
- GeneScreen plus Membran NEF 1017, NEN, USA
- Heizplatte, FMI EHE-3501, Föhr Medical Instruments GmbH, Deutschland
- Hybridization Bottles HB-OV-BM, Thermo EC, USA
- Hybridization mini oven MKII HYBAID, Thermo EC, USA

Methoden und Material

- Konfokales Laser Scanning Mikroskop, LSM 510 Meta auf Axiovert 100, Zeiss, Deutschland
- Kraftaufnehmer, Ingenieurbüro G. Jäckel, Deutschland
- Kryotom, CM 3050S, Leica Mikrosysteme Vertrieb GmbH, Deutschland
- Kühlzentrifuge Modell J-6B mit Schwenkbecherrotor 5200, Beckman Instruments Inc., USA
- Kulturschalen, Nunc, Deutschland
- Kulturschalen (Polymethylpenten), Nalge Co, Nalgene Labware Div., USA
- Mikroskop, Labovert, Leitz, Deutschland
- Mikroskop, Axioplan, Carl Zeiss, Deutschland
- Mikrowelle, SHARP, Deutschland
- Multikanalpipetten, 8 und 12 Kanäle, Eppendorf, Deutschland
- Neubauer-Zählkammer, Glaswarenfabrik Karl Hecht KG "Assistent", Deutschland
- Parafilm, American National, USA
- Pasteur Pipetten, Brand GmbH, Deutschland
- pH-Meter, Knick GmbH, Deutschland
- Phospho Imager FLA 3000, Fujifilm, Deutschland
- Pipetten 10 µl, 100 µl und 1000 µl, Sarstedt, Deutschland
- Pipetten (serologisch), 1 ml, 2 ml, 5 ml, 10 ml, 25 ml, Sarstedt, Deutschland
- Pipettierhilfe, pipettus-akku, Hirschmann Laborgeräte, Deutschland
- Power Pac Basic supply, Bio-Rad Laboratories, USA
- Präparationsbesteck, Hammacher Instrumente, Deutschland
- Rotationsmikrotom, Leica RM 2125 RT, Leica Mikrosysteme Vertrieb GmbH, Deutschland
- Sephadex G-50 Spin Säulen, Amersham Pharmacia Biotech, Deutschland
- Silikon, Dow Corning GmbH, Deutschland
- Skalpell, sterile Skalpellklinge, Bayha, Deutschland
- Sterilbank, Lamin Air HB 2448, Heraeus Instruments, Deutschland
- Sterilfilter (0,2 µm), einmal Filterhalter, Schleicher & Schuell, Deutschland
- Sterilfilter (0,22 µm), Steritop, Vakuumfilter, Millipore, USA
- Thermomixer, Eppendorf, Deutschland
- Vortex Typ REAX 1, Heidolph, Deutschland
- Waage, OHAUS GT410, Florham Peak, USA
- Waage, PM 480 Delta Range, Mettler Instruments, Deutschland

- Wasserbad, GfL m.b.H., Deutschland
- Wasserbad, Medax Nagel GmbH, Deutschland
- Zellsieb, 60 mesh (250 µm), CD-1 Sieb, Sigma Chemical Co, USA
- Zentrifugierröhrchen 15 ml, 50 ml, Sarstedt, Deutschland

3 Ergebnisse

3.1 Generierung parthenogenetischer Stammzell-Linien

Zur Gewinnung parthenogenetischer Stammzellen (PS-Zellen) wurden Eizellen von superovulierten Wildtyp (WT) Mäusen (Hintergrund: B6D2F1) bzw. von transgenen (TG) Mäusen (α-MHC-EGFP; Hintergrund: B6D2F1) mittels $SrCl_2$ (10 mM) aktiviert. Um die Ausschleusung des zweiten Polkörpers zu verhindern und somit einen diploiden Chromosomensatz zu gewährleisten, erfolgte die Aktivierung in Gegenwart von Cytochalasin B (5 µg/ml). Auf diese Weise chemisch aktivierte Eizellen entwickelten sich *in vitro* innerhalb von vier Tagen zur Blastozyste (Abb. 6). Die Effizienz der Eizellaktivierung lag bei 34% (aus 270 aktivierten Eizellen entwickelten sich 93 Blastozysten).

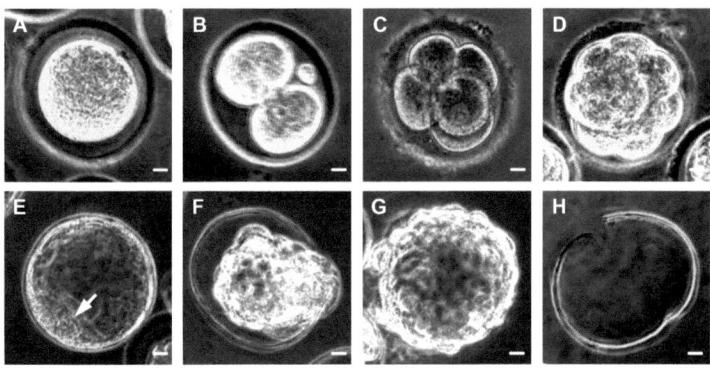

Abb. 6: Parthenoten-Entwicklung. (A) Eizelle unmittelbar nach parthenogenetischer Aktivierung mittels $SrCl_2$. (B) Aktivierte Eizelle an Tag 1 nach der ersten Zellteilung. (C) Nach weiteren Zellteilungen im 4-8-Zell-Stadium (Tag 2) und (D) im Morula-Stadium an Tag 3 der Entwicklung. (E) Blastozyste mit innerer Zellmasse (Pfeil) an Tag 5 der Parthenoten-Entwicklung. (F) Schlüpfende Blastozyste aus der *Zona pellucida*. (G) „Geschlüpfter" Parthenot. (H) Leere *Zona pellucida*. Längenmaßstäbe: 100 µm.

Nach dem „Schlüpfen" aus der umhüllenden *Zona pellucida* (Abb. 6) und Kultur des Parthenoten auf MEF (5 Tage) konnten aus den Auswüchsen der inneren Blastozysten-Zellmasse parthenogenetische Stammzell-Linien (PS-Zell-Linien) isoliert werden. Die Effizienz lag bei den WT-Blastozysten bei 19% (Tab. 2). Zwei dieser Linien wurden im Rahmen dieser Arbeit detaillierter untersucht (B2 und B3).

Aus 30 transgenen Blastozysten (α-MHC-EGFP) erfolgte die Etablierung von zwei PS-Zell-Linien (A3 und A6), entsprechend einer Effizienz von 7 % (Tab. 2).

	WT	TG	Gesamt
Blastozysten	63	30	93
PS-Linien	12	2	14
Effizienz (%)	19	7	15

Tab. 2: Effizienz der PS-Zell-Linien Generierung.

3.2 Basale Charakterisierung parthenogenetischer Stammzellen

3.2.1 Stammzell-Identität

Ein besonderes Charakteristikum embryonaler Stammzellen (ES-Zellen) ist die Fähigkeit der unbegrenzten Selbsterneuerung bei zugleich undifferenziertem Zellstatus. Im primären Zusammenhang hiermit stehen die Anwendung spezifischer Kulturbedingungen und die Expression typischer Stammzell-Marker. PS-Zellen wurden daher unter regulären ES-Zell-Kulturbedingungen, also auf inaktivierten MEF und in Anwesenheit von LIF kultiviert. Unter diesen Bedingungen bildeten PS-Zellen morphologisch ES-Zell-ähnliche Kolonien (Abb. 7 A). PS-Zelllinien konnten bis mindestens 75 Passagen stabil in Kultur gehalten werden.

Eine hohe Aktivität der alkalischen Phosphatase (ALP; Abb. 7 B), die Expression der im Zellkern lokalisierten Transkriptionsfaktoren Oct3/4 (*Pou5f1*) und Nanog (Abb. 7 C und D) sowie die Expression des Oberflächenmarkers SSEA-1 (*stage specific antigen-1*; Abb. 7 C und D) sind charakteristische Stammzell-Identitätsmerkmale und konnten eindeutig per Immunfluoreszenz in PS-Zellen detektiert werden.

Ergebnisse

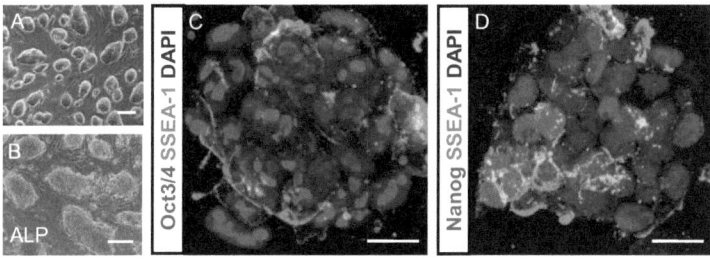

Abb. 7: Morphologische- und Immunfluoreszenz Analyse von PS-Zell-Kulturen. (A) PS-Zell-Kolonien (PS-Zell-Linie A3 P25) kultiviert auf MEFs. (B) Hohe alkalische Phosphatase (ALP; rot) Aktivität in PS-Zellen. MEFs sind ALP-negativ. (C und D) Expression der Stammzell-Marker Oct3/4 und Nanog (Transkriptionsfaktoren; rot) und SSEA-1 (Oberflächenmarker; grün). MEFs sind für diese Marker negativ. Zellkerne in blau durch DAPI-Färbung. Längenmaßstäbe: 100 µm (A und B) bzw. 20 µm (C und D).

Weitere Analysen erfolgten auf transkriptioneller Ebene (Abb. 8). Zusätzlich zu den bereits erwähnten Markern Oct3/4 und Nanog wurden 26 weitere Stammzell-spezifische Transkripte mittels Gen-Array untersucht (Abb. 8 A). In Bezug auf diese Transkripte zeigten PS-Zellen (A3 P25) ein vergleichbares Expressionsprofil gegenüber konventionellen ES-Zellen (R1; Abb. 8). Auffallend war jedoch die deutlich reduzierte Expression von Rex1 (*Zfp42*; Abb. 8 A und B). Neben Rex1 zeigten des Weiteren die Marker Gbx2, Myc, Foxd3 und Fthl17 ein reduziertes Transkriptions-Niveau in PS-Zellen im Vergleich zu ES-Zellen (*Heat-Map* Abb. 8 A).

Exemplarisch durchgeführte quantitative PCR-Analysen bestätigten die Gen-Array-Befunde. PS- und ES-Zellen gleicher Passage (P 25) exprimierten die prominentesten Pluripotenz-Transkripte Oct3/4, Nanog und Sox2 in vergleichbaren Mengen (Abb. 8 C). Der Rex1 Transkriptkonzentration war dagegen in PS-Zellen 7-fach niedriger als in ES-Zellen (Abb. 8 C). In den WT PS-Zell-Linien (B2 und B3) erfolgte der Expressions-Nachweis dieser Marker mittels semi-quantitativer PCR-Analyse (Anhang Abb. 1).

Ergebnisse

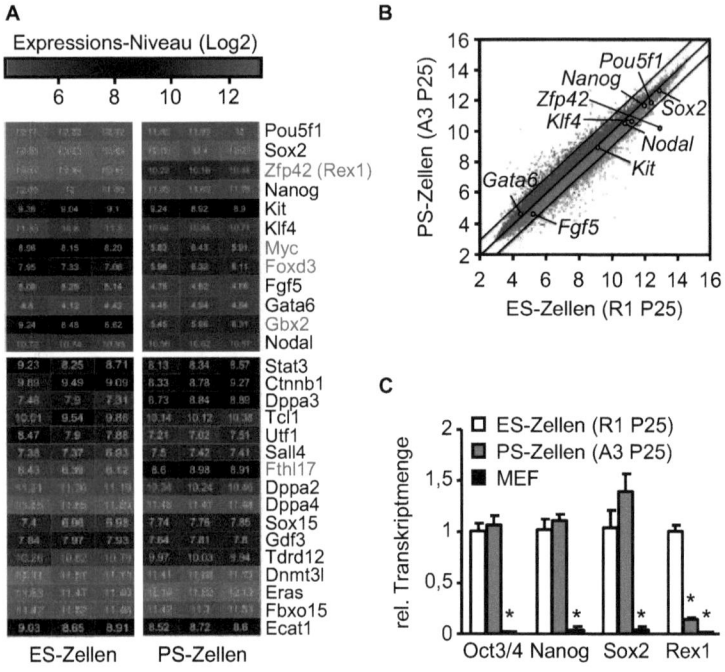

Abb. 8: Expression Stammzell-spezifischer Transkripte in PS-Zellen. (A) Affymetrix Gen-Array *Heat-Map* Darstellung. In Rot: differenziell exprimierte Transkripte. (B) Streudiagramm (*Scatterplot*). Expressions-Profil typischer Stammzell-Transkripte zwischen PS- (A3 P25) und ES-Zellen. (B) Quantitative PCR-Analysen zum direkten Vergleich der Transkriptkonzentration von Oct3/4, Nanog, Sox2 und Rex1 in PS-Zellen (Linie A3) und ES-Zellen (Linie R1) gleicher Passage (P 25). MEF-Zellen dienten als Negativkontrolle. Die Normalisierung erfolgte auf GAPDH. *p<0,05 vs. R1; n=4 pro Gruppe.

3.2.2 Wachstumskinetik

Um Aussagen über die Proliferationsgeschwindigkeit von PS-Zell-Kulturen treffen zu können, wurde alle 12 Stunden die Zellzahl bestimmt. Aus der resultierenden Wachstumskurve wurde die Verdopplungszeit berechnet (Abb. 9). Diese war in den untersuchten PS-Zell-Linien A3 und A6 (mit 17 bzw. 16 Stunden) vergleichbar zur ES-Zell-Kontrollgruppe (R1 mit 17 Stunden Verdopplungszeit).

Ergebnisse

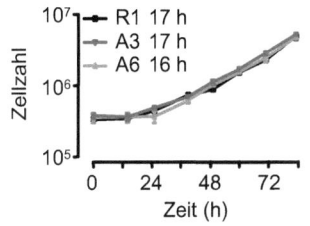

Abb. 9: Wachstumskinetik von PS- und ES-Zellen im Vergleich. Es wurden die PS-Zelllinien A3 und A6 sowie ES-Zellen der R1 Linie im direkten Vergleich untersucht (n=3 pro Zeitpunkt und Zell-Linie).

3.2.3 Karyotypisierung

Die parthenogenetische Aktivierung der Eizellen erfolgte in Gegenwart von Cytochalasin B. Die Verwendung dieser Substanz ist erforderlich, um die Ausschleusung des zweiten Polkörpers während der Meiose II zu verhindern. Im Zuge der anschließenden Mitose wird auf diese Weise ein diploider Chromosomensatz gewährleistet. Prinzipiell besteht dennoch die Gefahr einer chromosomalen Fehlverteilung und somit genomischer Instabilität der generierten PS-Zell-Linien. Die Bestimmung Metaphase-arretierter Chromosomen zeigte sowohl in frühen PS-Zell-Passagen (B2 und B3 beide P 8) als auch in späten Passagen (A3 P40) einen überwiegend (90-100% der untersuchten Metaphasen) regulären, also euploiden Karyotyp (Abb. 10).

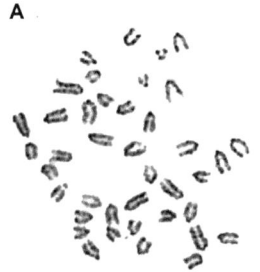

	Analysierte Metaphasen	Zellen mit 40 Chromosomen	in %
R1 P40	25	24	96
B2 P8	20	18	90
B3 P8	20	19	95
A3 P25	20	18	90
A3 P40	20	20	100

Abb. 10: Karyotypisierung generierter PS-Zell-Linien. (A) Repräsentative euploide Metaphasen-Chromosomen (40) der PS-Zell-Linie B3. Eine Anfärbung der Chromosomen erfolgte mittels Giemsa-Lösung. (B) Tabellarische Zusammenfassung der Auszählung der Metaphasen-Chromosomen. Der Karyotyp der ES-Zell-Linie R1 (P40) wurde ebenfalls als Kontrollgruppe analysiert.

3.2.4 Genotypisierung

Immunologische Abstoßungsreaktionen eines Organismus, hervorgerufen durch körperfremde Zelltransplantate, sind vor allem auf nicht kompatible MHC-Genprodukte zurückzuführen. In Bezug auf den MHC-Genotyp können PS-Zellen sowohl einen homo- als auch heterozygoten Genotyp aufweisen. Die Expression nur einer Variante der parentalen MHC-Moleküle würde die MHC-Variabilität vermindern (durch Allelhomologie). Haploidentität ließe sich ausnutzen, um immunologische Kompatibilitäten zwischen Spender und Empfänger auch im allogenen Ansatz zu erzielen und so Abstoßungsreaktionen zu vermindern. Allerdings findet im Rahmen der ersten meiotischen Teilung häufig ein Austausch von genetischem Material durch Rekombination (*crossing over*) statt. Ist der MHC-Locus davon betroffen, bleibt die heterologe Allelkonstellation der Spendereizelle erhalten. Folglich wären MHC-heterozygote PS-Zellen eine ideale autologe Zellquelle.

Um den MHC-Genotyp in den PS-Zell-Linien zu definieren, erfolgte eine PCR-basierende Mikrosatelliten-Analyse von Chromosoms 17 (Abb. 11); dieses Chromosom kodiert den MHC-Locus (H2-Locus) der Maus. Zum Vergleich wurde zusätzlich Chromosom 5 analysiert (Anhang Abb. 2). Mikrosatelliten sind kurze repetitive DNA-Sequenzen, die sich über das gesamte Genom verteilen und einen Längenpolymorphismus aufweisen. Das resultierende Agarosegel-Bandenmuster spiegelte den homozygoten (1 Bande) bzw. heterozygoten (2 Banden) Zustand der untersuchten PS-Zell-Linie bezüglich des entsprechenden Locus wider (Abb. 11 A und Anhang Abb. 2 und 3). Die Befunde für das Chromosom 17 sind in Abbildung 10 graphische zusammengefasst (eine entsprechende Darstellung für das Chromosom 5 ist im Anhang Abb. 2 zu finden).

Ergebnisse

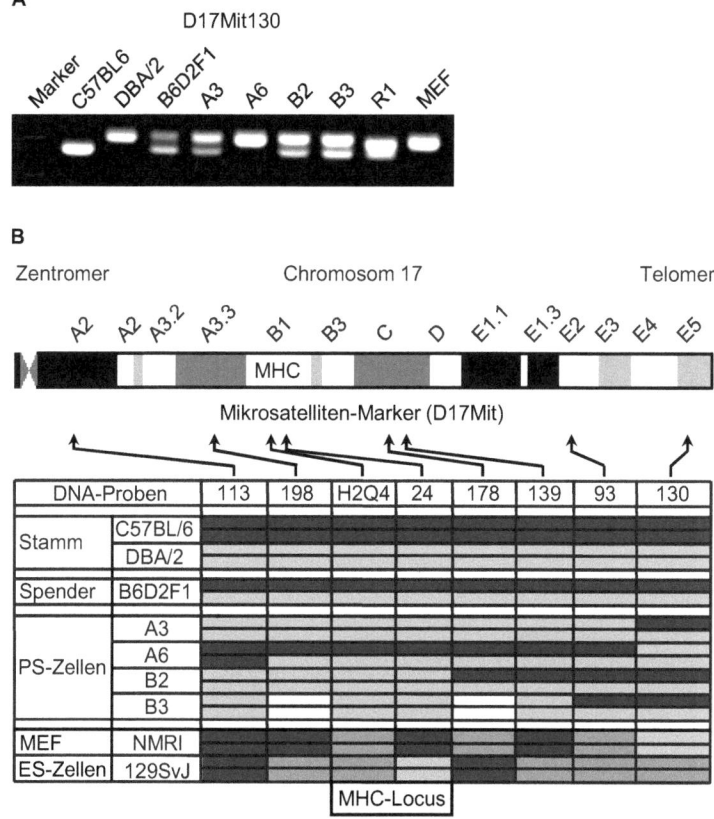

Abb. 11: Mikrosatelliten-Analyse des Chromosom 17. (A) Gezeigt ist exemplarisch das Amplifikationsprodukt nach Analyse des Mikrosatelliten-Markers D17Mit130. Eine Bande entspricht dem homozygoten, eine Doppelbande dem heterozygoten Genotyp in diesem Locus. (B) Untersucht wurden Mikrosatelliten-Loci verteilt über das gesamte Chromosom 17 der Maus. Zur graphischen Darstellung wurde dem Allel des C57BL/6 Mausstammes ein blaues, dem des DBA/2 Stammes ein gelbes Feld zugeordnet. Von diesen Allelzuordnungen abweichende PCR-Produktlängen wurden mit grün kodiert. Marker ohne detektierbares PCR-Produkt wurden weiß markiert. Der MHC/H2-Locus liegt zwischen den DNA-Mikrosatelliten D17Mit198 und D17Mit178.

Die untersuchten PS-Zell-Linien zeigten einen überwiegend homozygoten MHC-Genotyp (Linien A3, B2 und B3). Die PS-Zell-Linie A6 ist im MHC-Locus dagegen heterozygot (Abb. 11). Auffallend und erwartet waren die telomerwärts vermehrt auftretenden Rekombinationsereignisse, die sowohl auf Chromosom 5 (Anhang Abb. 2) als auch 17 (Abb. 11) beobachtet wurden. Die PS-Zell-Linie A6 schien darüber hinaus mehrere Rekombinationen vollzogen zu haben. Eine Zentromer-nahe Rekombination sorgte für die Heterozygotie in einem Großteil des Chromosoms 17 (z.B. im H2/MHC-Locus). Eine zusätzliche Rekombination ist vermutlich Ursache für die Telomer-nahe Homozygotie. Neben der detaillierten Analyse von Chromosom 5 und 17 konnte durch diese Analyse eine Kontamination von PS-Zell-Kulturen mit ES-Zellen (R1) ausgeschlossen werden.

3.2.5 Methylierung und Transkription von *Imprinting*-Genen

Sowohl das paternale als auch das maternale Genom unterliegt spezifischen epigenetischen Modifikationen. So führen Methylierungen an Regulationsstellen (DMRs: differenziell methylierte Regionen) bestimmter Gene, die allgemein als Imprinting-Gene bezeichnet werden, zu einer geschlechtsspezifischen Genexpression. Da PS-Zellen eine Duplikation des maternalen Genoms aufweisen, besitzen sie keine komplementären paternalen Transkripte. Dementsprechend sollte das Methylierungsmuster von Imprinting-Genen ein strikt maternales Muster aufweisen.

3.2.5.1 Analyse des Methylierungsstatus von *Imprinting*-Genen

Erwartungsgemäß für den uniparentalen Ursprung zeigten PS-Zellen (Linie A3) eine nahezu vollständige Methylierung der Igf2-Rezeptor- (Igf2R) und Peg1-DMRs (Abb. 12). Dieses maternal-spezifische Methylierungs-Muster (Hypermethylierung) konnte nicht nur in früher Passage (P5), sondern auch im Kulturverlauf (P25) nachgewiesen werden. Die maternale Methylierung schien demzufolge auch während fortlaufender PS-Zell-Kultivierung weitestgehend stabil zu bleiben. Auch im Fall der paternal methylierten intergenetischen Regulationsstellen (IG-DMR) der Imprinting-Gene Dlk1 und Gtl2 zeigten sowohl frühe als auch späte PS-Zell-Passagen ein parthenogenetisch-spezifisches Methylierungsmuster (Hypomethylierung; Abb. 12). Für die Imprinting-Gene H19 und Igf2 hingegen, konnte ein unerwartet hoher Grad an Methylierung festgestellt werden (Abb. 12).

Ergebnisse

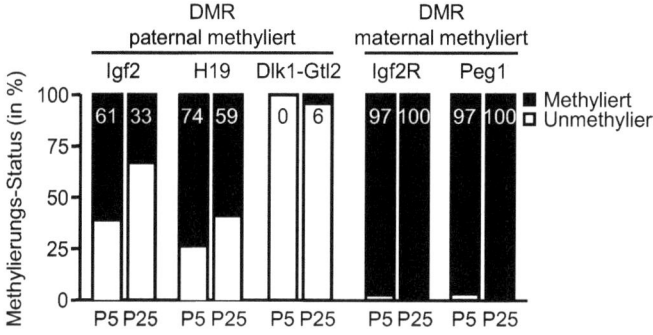

Abb. 12: Methylierungs-Status von Imprinting-Genen. Methylierung von paternal methylierten (Igf2, H19 und Dlk1-Gtl2) und maternal methylierten (Igf2R und Peg1) DMRs. Untersucht wurden PS-Zellen der Linie A3 in Passage 5 und 25. Die Zahlen in den Säulen repräsentieren den Methylierungsgrad in %.

3.2.5.2 Transkription von *Imprinting*-Genen

Die Anwesenheit von einem rein maternalen Genom führte im Maus-Model zu einer letal verlaufenden „Embryogenese" mit einem Absterben der Parthenoten an Tag 10 der „Embryonalentwicklung" (Surani et al. 1984, Do et al. 2009). Interessanterweise konnten gezeigt werden, dass eine transkriptionelle Normalisierung von lediglich zwei Imprints (H19 und Dlk1) zu der Geburt bi-maternaler Mäuse führen kann (Kawahara et al. 2007). Aufgrund der scheinbar essentiellen Rolle von H19 und Dlk1 während der Embryogenese erfolgte eine transkriptionelle Untersuchung dieser Marker in PS-Zellen.

Die frühe Zell-Passage (A3 P10) zeigte das für parthenogenetische Zellen erwartete H19- und Dlk1-Expressionsmuster (Abb. 13 A). Im Vergleich zu der bi-parentalen ES-Zell-Linie R1 (P25) konnte eine deutlich erhöhte Transkriptkonzentration des maternal exprimierten Imprints H19 und eine verminderte Transkriptkonzentration des paternal exprimierten Dlk1 nachgewiesen werden. Im weiteren Kulturverlauf (P45) kam es dagegen zu einer Normalisierung der Konzentration dieser Transkripte auf ES-Zell-Niveau (Abb. 13 A). Interessanterweise wurde die für H19 und Dlk1 beschriebene „Normalisierung" der

Ergebnisse

Transkriptkonzentration auf bi-parenterales Niveau nicht für alle Imprints nachgewiesen. So zeigte maternal exprimiertes Gtl2 von vorneherein ein „normales" Transkriptniveau, während paternal exprimiertes Igf2 auch im Kulturverlauf (P10 vs. P25) auf uni-parenteralem Niveau blieb (Abb.13 A). Ein vergleichbares Expressions-Profil von H19 und Igf2 konnte des Weiteren auch für die PS-Zell-Linie A6 gezeigt werden (Abb. 13 B).

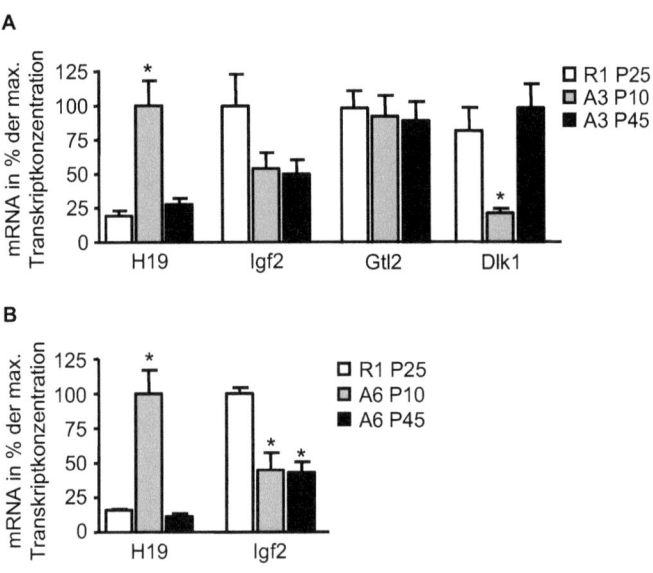

Abb. 13: Expressions-Profil typischer Imprinting-Gene. (A) Die Transkriptkonzentration von maternal exprimierten Imprints (H19, Gtl2) und paternal exprimierten Imprints (Dlk1, Igf2) wurde in frühen (P10) und späten (P45) Passagen der PS-Zelllinie A3 per qPCR analysiert. Im Vergleich ist das entsprechende Transkriptniveau in ES-Zellen (R1; P25) dargestellt. (B) H19 und Igf2 Transkriptniveau der PS-Zelllinie A6. *p<0,05 vs. R1; n=4 pro Gruppe.

Ergebnisse

3.3 Differenzierugspotential parthenogenetischer Stammzellen

ES-Zellen besitzen als pluripotente Zellen die Fähigkeit zu Zelltypen des gesamten Organismus zu differenzieren. Pluripotentes Differenzierungspotential lässt sich *in vitro* mittels Differenzierung in Embryoidkörper (EBs) und *in vivo* nach Injektion undifferenzierter Zellen in immundefiziente Mäuse (SCID-Mäuse: *severe combined immunodeficiency*) überprüfen. Die letztgenannte Methode resultiert in einer Teratombildung. Sowohl in den EBs als auch in den Teratomen zeigte sich als Hinweis auf ein pluripotentes Differenzierungspotential die Ausbildung von Strukturen aus den drei Keimblättern (Ekto-, Endo- und Mesoderm). Ein stärkeres Argument für Pluripotenz besteht allerdings, wenn sich undifferenzierte Zellen nach Blastozysten-Injektion an der Entwicklung eines vollständigen chimären Organismus inklusive Keimbahnzellen beteiligen. Um PS-Zellen hinsichtlich ihres Differenzierungspotentials zu untersuchen erfolgte eine detailliert Analyse mit den oben beschriebenen Nachweismethoden.

3.3.1 Differenzierung *in vitro*

Die *in vitro* Differenzierung in EB-Kulturen erfolgte nach der „hängenden Tropfen" Methode. Färbungen von typischen Markerproteinen für endo- (Pan-Zytokeratin, Zytokeratin-18 und α-Fetoprotein), ekto- (Neurofilament) und mesodermale (Nebulin und GATA4) Differenzierung zeigten das umfangreiche Differenzierungspotential von PS-Zellen bereits *in vitro* (Abb. 14).

Ergebnisse

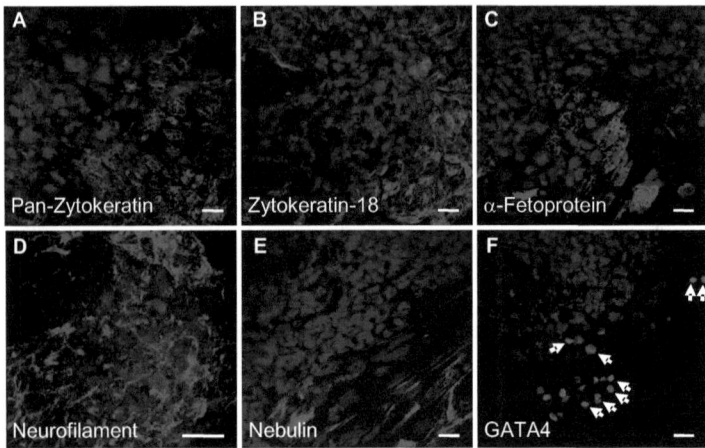

Abb. 14: Differenzierungspotential von PS-Zellen *in vitro*. PS-Zellen (Linie B3) differenzierten *in vitro* (Tag 7+15) zu endo- (Pan-Zytokeratin, Zytokeratin-18 und α-Fetoprotein), ekto- (Neurofilament) und mesodermalen (Nebulin, GATA4; Pfeile) Zellen. Längenmaßstäbe: 20 µm.

Zusätzlich erfolgte die Expressions-Analyse zelltypspezifischer Transkripte (Ekto-, Endo- und Mesoderm) im Zeitverlauf der Differenzierung mittels semi-quantitativer PCR (PS-Zell-Linie B2; Abb. 15). Hier zeigte sich, dass einige Transkripte, wie Pecam-1 (CD31; Endothelzell-spezifisch), Krt-18 (Hepatozyten-spezifisch) und Synaptophysin (Syp) sowie Drd2 (Neuro-spezifisch) bereits in frühen Differenzierungsphasen (nach 3 Tagen Adhäsionskultur) exprimiert werden. Der Skelettmuskel-spezifische Transkriptionsfaktor (Myf5) war dagegen verhältnismäßig spät (an Tag 9 der Adhäsionskultur) und schwach nachweisbar (Abb. 15).

Ergebnisse

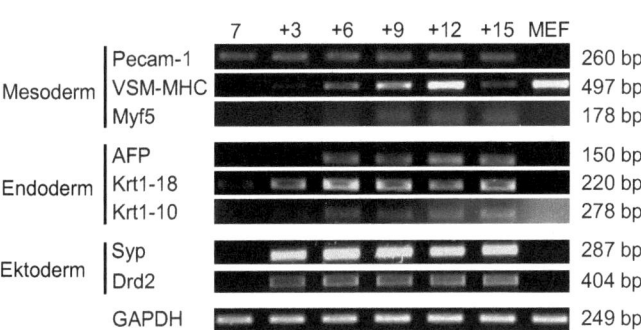

Abb. 15: Semi-quantitative PCR zelltypspezifischer Transkripte im Differenzierungsverlauf.
Untersucht wurde die PS-Zell-Linie B2 zu verschiedenen Zeitpunkten der *in vitro* Differenzierung. MEF-Kulturen dienten als Kontrolle. Tag 7 der Differenzierung entspricht der Vorkultur (2 Tage hängende Tropfen und 5 Tage Suspensionskultur). Mit + sind die folgenden Adhäsionskulturtage gekennzeichnet.

3.3.2 Differenzierung *in vivo* (Teratom-Nachweis)

Pluripotente Zellen bilden nach Injektion in immundefiziente Mäuse Teratome. Um zu visualisieren, dass auch PS-Zellen diese Fähigkeit besitzen, erfolgte die Generierung tricistronischer PS-Zell-Reporterlinien, die unter Kontrolle des ubiquitären PGK-Promotors das Neomycin-Resistenzgen (NeoR), EGFP und nukleäre β-Galaktosidase (nLacZ) exprimieren (PGK-NIGIL; Abb. 16 A). Von 477 Neomycin (G418) resistenten Kolonien nach Elektroporation zeigten 21 (4,4%) eine deutlich positive X-Gal-Färbung. Die Linie mit der stärksten Blau-Färbung (1F3) wurde detaillierter untersucht. Eine stabile genomische Integration des Reporterplasmids konnte mittels Southern Blot bestätigt werden (Abb. 16 B). Kultiviert auf MEF-Zellen formte die transgene PS-Zell-Linie 1F3 im undifferenzierten Zustand typische Stammzell-Kolonien, die eine homogene EGFP- und nLacZ-Expression aufwiesen (Abb. 16 C und D).

1F3 PS-Zellen wurden schließlich subkutan in SCID-Mäuse injiziert. Innerhalb von drei Wochen bildeten sich deutlich sichtbare Teratome (Abb. 16 E). Eine X-Gal-Färbung präparierter Teratom zeigte eine intensive und auf das Teratomgewebe

Ergebnisse

begrenzte Blau-Färbung (Abb. 16 E). Natives Gewebe (Stern in Abb. 16 E) zeigte keine Anfärbung. Die mikroskopische Untersuchung von Paraffinschnitten X-Gal gefärbter Teratome zeigte eine spezifisch nukleär lokalisierte β-Galaktosidase Expression, so dass Artefakte beim Färben ausgeschlossen werden konnten (Abb. 16 F).

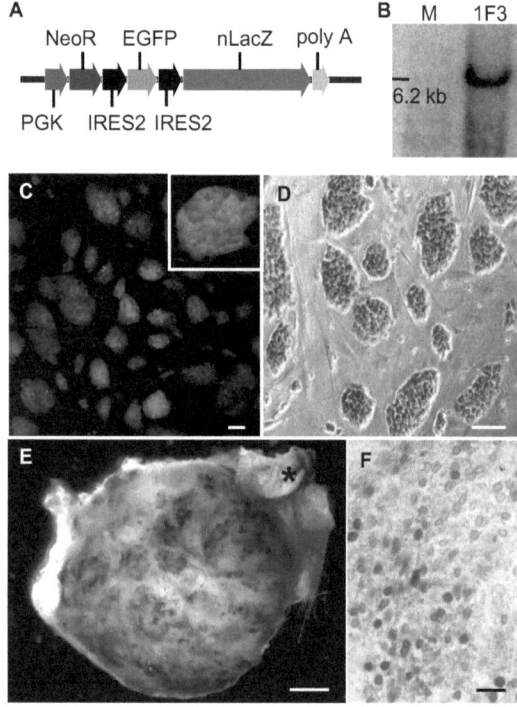

Abb. 16: Teratombildung *in vivo*. (A) Schematische Übersicht des tricistronischen Reporterplasmids PGK-NIGIL. Die Neomycin-Resistenz (NeoR), EGFP und nLacZ sind jeweils durch eine IRES-Sequenz (*internal ribosomal entry sites*) voneinander getrennt. (B) Nachweis der stabilen genomischen Integration von PGK-NIGIL in die 1F3 Linie mittels Southern Blot. Zum hybridisieren *Pst*I verdauter 1F3-DNA wurde eine LacZ-Sonde verwendet, die das erwartete 6,2 kb Fragment detektierte (M=Größenmarker). Undifferenzierte 1F3 PS-Zellen auf MEF-Kulturen mit homogener (C) EGFP- und (D) LacZ-Expression. (E) Teratom nach subkutaner Injektion von 1F3 PS-Zellen (X-Gal Färbung markiert die transgenen PS-Zellen). Der Stern zeigt ungefärbtes natives Gewebe. (F) Spezifische β-Galaktosidase Expression in den Kernen Teratom-abgeleiteter 1F3-Zellen. Längenmaßstäbe:100 μm (C und D), 2 mm (E) und 20 μm (F).

Ergebnisse

Echographisch konnte ein Teratom-Volumen von 983±148 mm^3 ermittelt werden (Abb. 17). Parallel injizierte ES-Zellen (R1) induzierten Teratome mit vergleichbarer Größe (906±318 mm^3; Abb. 17).

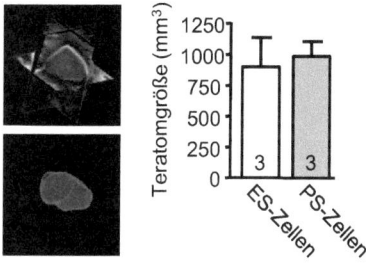

Abb. 17: Teratomvolumen. Darstellung von echographisch untersuchten Teratomen. n=3 pro Gruppe.

Histologische Untersuchungen von Teratommaterial lieferten weitere Belege für die Pluripotenz der generierten PS-Zellen (Abb. 18). So erfolgte der Nachweis sowohl von quergestreifter Muskulatur, Knochen und Knorpelgewebe als auch verschiedener Epithelarten, wie Darm-, verhorntes Platten- und Flimmerepithel (Abb. 18 A-F).

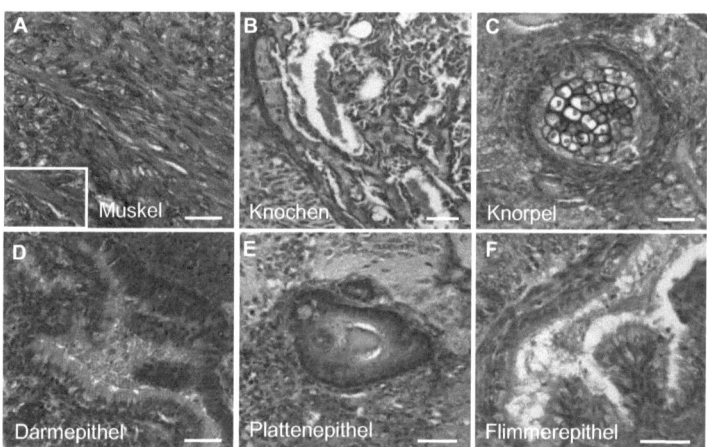

Abb. 18: Histologische Analyse von PS-Zell-induzierten Teratomen. Hämalaun und Eosin-(H&E) Färbungen von Teratomgewebe drei Wochen nach subkutaner Zell-Injektion in SCID-Mäuse. Längenmaßstäbe: 50 µm.

Ergebnisse

3.3.3 Generierung chimärer Mäuse

Pluripotente Zellen besitzen die Fähigkeit, sich nach Blastozysten-Injektion uneingeschränkt an der Embryonalentwicklung zu beteiligen. Derivate dieser Zellen sollten demzufolge in jedem Organ des chimären Individuums zu finden sein. Um die pluripotenten Fähigkeiten von PS-Zellen im Falle der Herz-Organogenese zu demonstrieren, wurden PS-Zellen der Linie A3 (Kardiomyozyten -spezifische Expression von EGFP) in Blastozysten injiziert und diese in den Uterus scheinschwangerer Ammen-Tiere implantiert (Abb. 19 A). Im Anschluss erfolgte die Untersuchung der resultierenden Mausherzen hinsichtlich einer EGFP-Expression. Um weiterhin potentielle Fusionsereignisse zwischen PS-Zellen und dem Embryoblast während der Herzentwicklung ausschließen zu können, stammten die zur Injektion verwendeten Spender-Blastozysten aus transgenen Mäusen, die Kardiomyozyten-spezifisch nLacZ exprimierten.

Chimäre Mäuse konnten bereits anhand einer gefleckten Fellfarbe identifiziert werden. Histologische Untersuchungen zeigten des Weiteren das Vorhandensein EGFP-positiver Zellen in den chimären Herzen (Abb. 19 B). Diese Zellderivate stammten eindeutig und ausschließlich aus der PS-Zell-Linie A3, da neben dem Kardiomyozyten-spezifischen EGFP-Signal in diesen Zellen keine β-Galaktosidase Aktivität nachweisbar war. Fusionsereignissen haben demzufolge nicht oder nicht in relevantem Umfang stattgefunden, und die PS-Zellen haben sich nach Blastozysten-Injektion an der Entwicklung chimärer Tiere beteiligt. Keimbahngängigkeit konnte allerdings bisher nicht nachgewiesen werden.

Ergebnisse

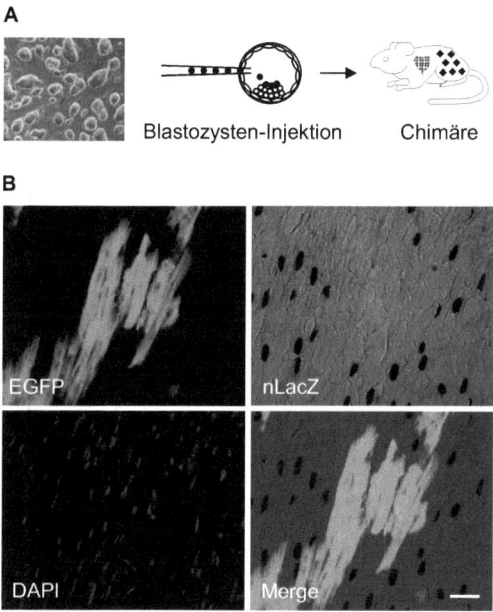

Abb. 19: Generierung chimärer Mäuse zum Nachweis der Pluripotenz. (A) Undifferenzierte PS-Zellen der Linie A3 (α-MHC-EGFP) wurden in transgene Blastozysten (α-MHC-nLacZ) injiziert und in scheinschwangere Mäuse implantiert. Resultierende chimäre Mäuse konnten anhand der gefleckten Fellfarbe identifiziert werden. (B) Histologische Untersuchungen der chimären Herzen. Die EGFP-exprimierenden PS-Zell-Derivate zeigten hierbei keine β-Galaktosidase Aktivität. Längenmaßstab: 20 µm.

3.4 Kardiale Differenzierung *in vitro*

Zu Beginn dieser Arbeit existierten in der Literatur keine Daten bezüglich des kardiomyogenen Differenzierungspotentials von PS-Zellen. Im Tiermodell zeigte sich darüber hinaus ein Defekt der Herzentwicklung (Sturm et al. 1994, Spindle et al. 1996). Daher wurde zunächst die *in vitro* Kardiogenese von PS-Zellen detailliert untersucht.

3.4.1 Spontane Differenzierung

Die Kardiogenese von ES-Zellen in EB-Kulturen zeigt in Bezug auf das Genexpressionsprofil Parallelen zu entwicklungsspezifischen Stadien der embryonalen Herzentwicklung *in vivo* (Boheler et al. 2002). Das Resultat des kardialen Differenzierungsprogramms ist die Entwicklung von spontan kontrahierenden Arealen innerhalb der EBs.

Um die kardiale Entwicklungsspezifizierung im Verlauf der PS-Zell Kardiogenese zu untersuchen, wurden EB-Kulturen zu verschiedenen Zeitpunkten der Differenzierung untersucht. Hierzu erfolgte eine Analyse typischer Marker, die auch *in vivo* in einer entwicklungsabhängigen Weise während der Kardiogenese exprimiert werden. Die Stammzell-Marker Oct3/4 und Nanog, die *in vivo* Zellen der inneren Blastozystenmasse charakterisieren, wurden in frühen Stadien der Differenzierung (Tag 7+3: 7 Tage Vorkultur, gefolgt von 3 Tagen Adhäsionskultur) deutlich weniger exprimiert (Abb. 20 A). Parallel zu diesem Ereignis konnte eine deutliche Zunahme der Transkriptkonzentration früher mesodermaler Marker, wie Brachyury (Bry), Flk-1 (VEGFR-2) und Isl-1 beobachtet werden. Das Expressionsmaximum dieser Transkripte war jeweils an Tag 7+3 der EB-Kultur (Abb. 20 A). Unmittelbar nach dem Expressionsmaximum der mesodermalen Marker war ein deutlicher Anstieg des frühen kardialen Transkriptionsfaktors Nkx2.5 und des Strukturproteins α-MHC zu beobachten (Abb. 20 A). Als Zeichen fortlaufender kardialer Spezifizierung zeigten Analysen der Transkriptmengen zu einem späteren Zeitpunkt der EB-Kultur (7+15) einen weiteren Anstieg der α-MHC Expression. Die mesodermalen Transkripte Bry, Flk-1 und Isl-1 sowie der früh-kardiale Transkriptionsfaktor Nkx2.5 waren hingegen deutlich reduziert (Abb. 20 B).

Ergebnisse

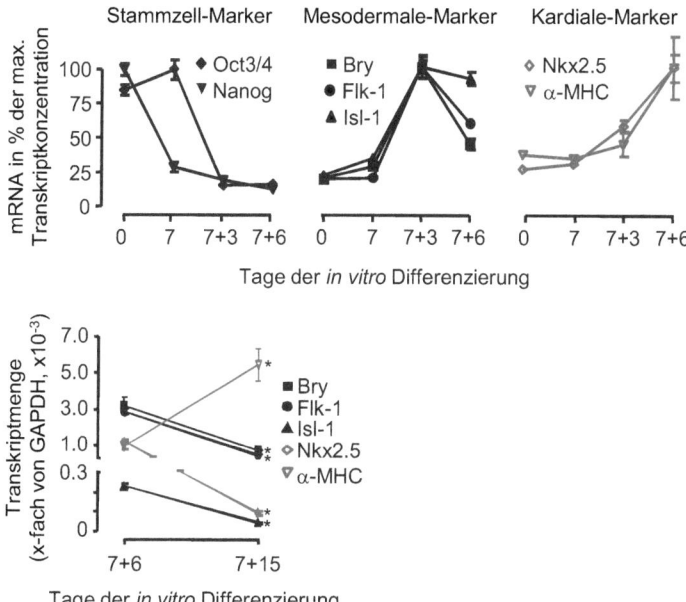

Abb. 20: Kardiale Differenzierung von PS-Zellen in EB-Kulturen. Analysiert wurden verschiedene Zeitpunkte der *in vitro* Kardiogenese (PS-Zell-Linie A3). Tag 0: undifferenzierte PS-Zellen. Tag 7 der Differenzierung entsprach der Vorkultur (2 Tage hängende Tropfen und 5 Tage Suspensionskultur). Mit + sind die folgenden Adhäsionskulturtage gekennzeichnet. Untersuchte Transkripte sind mit den entsprechenden Symbolen gekennzeichnet. Die Normalisierung erfolgte auf GAPDH. *p<0,05 vs. Tag 7+6; n=4/5 pro Gruppe.

Parallel mit dem Anstieg kardialer Transkripte konnte in den EB-Kulturen eine Zunahme rhythmisch kontrahierender Areale festgestellt werden (Abb. 21 A). An Tag 7+6 der Differenzierung kontrahierten 6±1% (A3; n=3) bzw. 8±1% (A6; n=3) der adhärenten EBs. An Tag 7+12 wurde ein Maximum mit 45±3% (A3; n=3) bzw. 38±3% (A6; n=3) erreicht (Abb. 21 A). Immunfluoreszenz-Färbungen bestätigten die Differenzierung von PS-Zellen zu Kardiomyozyten. Hier zeigte sich eine eindeutig erkennbare sarkomerische Querstreifung des Z-Bandenproteins α-Aktinin (Abb. 21 B).

Ergebnisse

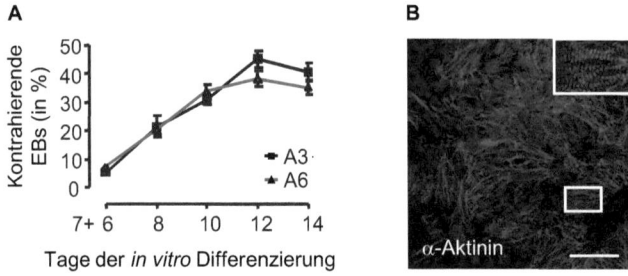

Abb. 21: Zunahme kontraktiler EBs im Verlauf der *in vitro* Differenzierung. (A) Dargestellt ist der prozentuale Anteil kontrahierender EBs pro Kulturschale im Kulturverlauf. Untersucht wurden die PS-Zell-Linien A3 und A6. Ausgewertet wurden 110-131 EBs pro Zeitpunkt (n=3 pro Linie). (B) Färbung von Kardiomyozyten in einem kontrahierenden EB-Areal nach Differenzierung der PS-Zell-Linie A3. Der weiß umrandeten Bereich ist vergrößert dargestellt. Rot: α-Aktinin; Blau: Zellkerne (DAPI). Längenmaßstab: 50 μm.

Die PS-Zell-Linien A3 und A6 (beide exprimierten EGFP unter Kontrolle des α-MHC-Promotors) zeigten im Verlauf der *in vitro* Differenzierung eine deutliche EGFP-Expression in den kontrahierenden EB-Arealen (Abb. 22 A). Immunfluoreszenz-Untersuchungen bestätigten, dass sich das EGFP-Signal ausschließlich auf α-Aktinin gefärbte Kardiomyozyten beschränkte und dass umgekehrt alle Aktinin-positiven Zellen auch ein EGFP-Signal zeigten (Abb. 22 B).

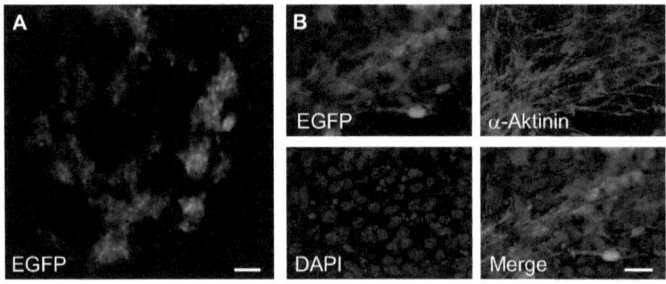

Abb. 22: Kardiomyozyten-spezifische EGFP-Expression. (A) Natives EGFP-Signal der PS-Zell-Linie A3 an Tag 7+15 der EB-Kultur. (B) EGFP-Epifluoreszenz und α-Aktinin-Färbung in Formalin-fixierten EB-Kulturen. Längenmaßstäbe: 100 μm (A) bzw. 20 μm (B).

3.4.2 Kardiogenese in Abhängigkeit der Passage

Während EB-Kulturen früher Passagen (Linie A3) lediglich in 1,4% (P5) bzw. 2,2% (P10) kontrahierende Areale zeigten (Tag 7+15 der Differenzierung; Abb. 23 A), konnte in EB-Kulturen später Passage eine deutliche Zunahme der kontraktilen Aktivität auf 44% (P25) bzw. 48% (P45) festgestellt werden (Abb. 23 A). In die Analyse einbezogen wurden insgesamt bis zu 340 ausgezählte EBs pro Passage (n=5-6 Schalen pro Passage). qPCR-Analysen der Kardiomyozyten-spezifischen Transkripte α-MHC und kardiales TroponinT (cTnT) bestätigten das gesteigerte kardiomyogene Differenzierungspotential später PS-Zell-Passagen (P25 und P45). Im Falle von α-MHC konnte in späten Passagen eine bis zu 18-fach (P5 vs. P45), im Falle von cTnT eine bis zu 6-fach (P5 vs. P45) erhöhte Transkriptkonzentration festgestellt werden (Abb. 23 B).

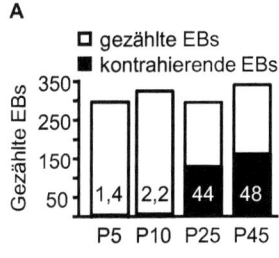

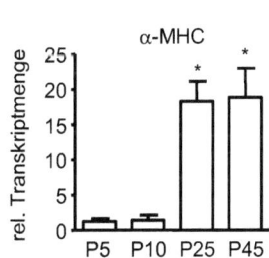
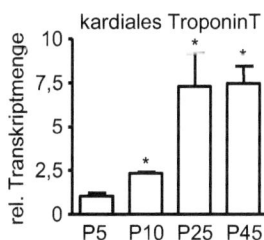

Abb. 23: Kardiales Differenzierungspotential in Abhängigkeit der Kultur-Passagen. (A) Darstellung des Anteils kontrahierender EBs (in %) mit steigender Kultur-Passage der PS-Zell-Linie A3. Die Auswertung erfolgt an Tag 7+15 der *in vitro* Differenzierung. Die Ordinate zeigt die Anzahl der ausgewerteten EBs. (B) Analyse der Transkriptkonzentration von α-MHC und kardialem TroponinT in EB-Kulturen (PS-Zelllinie A3; Kulturtag 7+15). Die Normalisierung erfolgte auf GAPDH. *$p<0,05$ vs. P5; n=4 pro Gruppe.

Ergebnisse

In Übereinstimmung mit diesen Resultaten zeigten FACS-Untersuchungen (*FACS: Fluorescence Activated Cell Sorting*) an Tag 7+15 der EB-Kultur eine Zunahme der Kardiomyozyten-spezifischen EGFP-Expression (PS-Zell-Linie A3) in Abhängigkeit der Passage. In PS-Zellen der Passage 10 konnten nach Differenzierung keine EGFP-exprimierenden Kardiomyozyten (0%; n=3) detektiert werden (Abb. 24). Die Passagen 25 bzw. 45 zeigten eine gesteigerte Kardiomyozyten-Ausbeute von 1,2±0,06% (P25; n=3) bzw. 1,6±0,02% (P45; n=3; Abb. 24). ES-Zellen (R1) dienten als EGFP-Negativkontrolle zur Einstellung der FACS-Detektionsparameter.

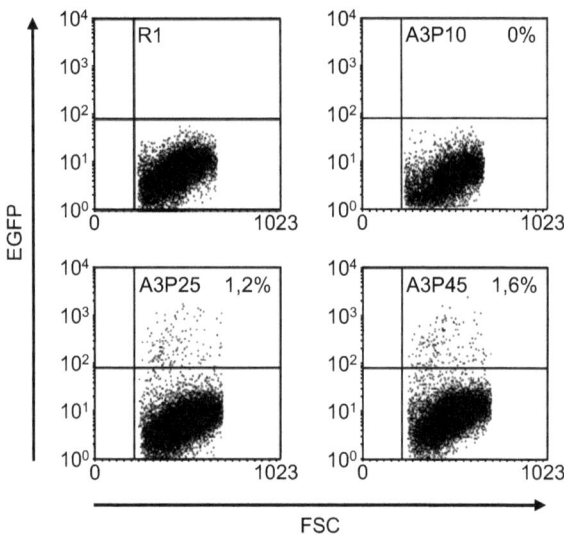

Abb. 24: Zunahme EGFP-exprimierender Kardiomyozyten in Abhängigkeit der Kultur-Passage. Nach enzymatischer Vereinzelung an EB-Kulturtag 7+15 wurden ES- (Linie R1; Negativkontrolle) und PS- (Linie A3 unterschiedlicher Passage; α-MHC-EGFP) Zellderivate per FACS analysiert. FSC= *Forward Scatter* (als Maß der Zellgröße).

3.4.3 Zytokin-induzierte Kardiogenese

Um die Kardiomyozytenausbeute für Anwendungen im kardialen *Tissue Engineering* zu erhöhen, wurde ein von der Arbeitsgruppe Keller entwickeltes und für die Maus optimiertes Zytokin-Induktionsprotokoll (Yang et al. 2008) verwendet. Dafür wurden Kryokulturen undifferenzierter PS-Zellen der Linie A3 nach Toronto geschickt (McEwen Zentrum für Regenerative Medizin, Toronto, Kanada), dort unter Verwendung von Wachstumsfaktoren differenziert (bFGF: *basic fibroblast growth factor*, BMP4: *Bone morphogenetic protein 4* und Activin A; Keller et al. nicht publiziert) und schließlich als Lebendkulturen wieder zurück nach Deutschland geschickt. Durch dieses Vorgehen konnte der Myozyten-Anteil innerhalb der EB-Kulturen deutlich erhöht werden (Abb. 25). Untersuchungen auf transkriptioneller Ebene zeigten eine 47-fach gesteigerte α-MHC- und eine 14-fach erhöhte cTnT-Transkriptkonzentrationen (im Vergleich zu EB-Kulturen spontan differenzierter PS-Zellen A3 P35 an Tag 7+15; Abb. 25 B). Zusätzlich zu den Myozyten-spezifischen Transkripten α-MHC und cTnT konnte eine Hochregulation des Endothelzell-Markers Tie-2 (0,6-fach) und des glatten Gefäßmuskelzell-Markers SM-MHC (1,4-fach) gezeigt werden (Abb. 25 B). Auch im Vergleich zu parallel angelegten EB-Kulturen spontan differenzierter ES-Zellen (R1 P25; Tag 7+15 der Differenzierung) zeigten Zytokin-induzierte PS-Zellen eine deutliche Zunahme der α-MHC- (42-fach) und cTnT- (13-fach) Transkriptmenge (Abb. 25 B).

Ergebnisse

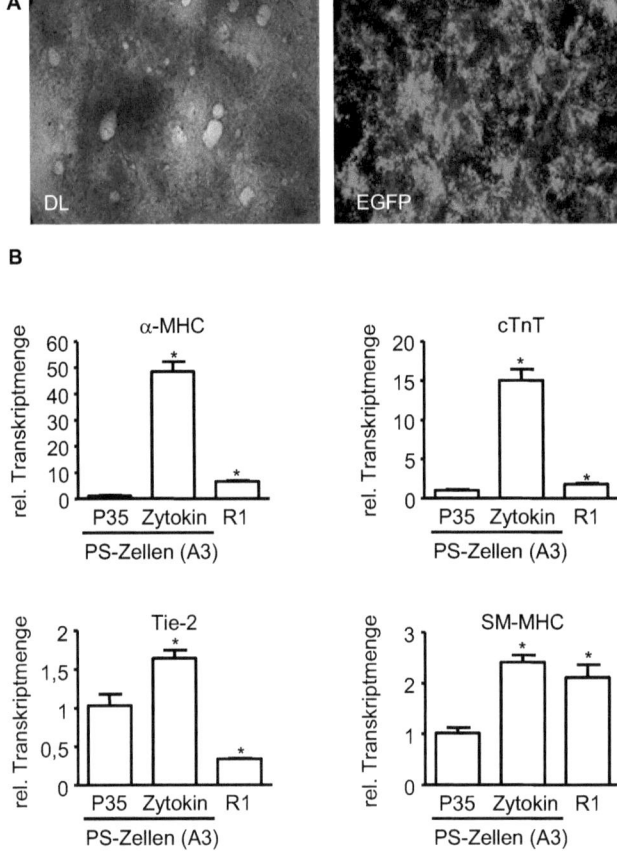

Abb. 25: Verbesserte PS-Zell-Kardiogenese durch Zytokin-Induktion. (A) EGFP-Expression in PS-Zell-Kulturen nach Zytokin-induzierter Differenzierung. (DL: Durchlicht) (B) qPCR Analyse typischer „kardiovaskulärer" Transkripte: Myozyten (α-MHC und cTnT); Endothelzellen (Tie-2) und glatten Gefäßmuskelzellen (SM-MHC). Untersucht wurden PS- (A3 P35) und ES-Zellen (R1 P25) nach spontaner Differenzierung in EB-Kulturen (Tag 7+15) im Vergleich zu Zytokin-induzierten PS-Zell-Kulturen. Die Normalisierung erfolgte auf GAPDH. *p<0,05 vs. R1; n=3-4 pro Gruppe.

3.4.4 Reifegrad parthenogenetischer Myozyten *in vitro*

Die Herzmuskelzellreifung ist mit charakteristischen Änderungen der Genexpression assoziiert. Ein Beispiel ist die gegenseitige Regulation der α- und β-Isoformen des MHC-Gens (Lompre et al. 1984, Mahdavi et al. 1984). Die MHC

Ergebnisse

β-Isoform ist die dominierende Form während der embryonalen Kardiogenese, wird jedoch postnatal von der α-Isoform abgelöst (Lyons et al. 1990). Eine Zunahme der α- und β-MHC Transkriptionsratio im Verlauf der Entwicklung ist somit charakteristisch für eine funktionelle Reifung der Herzmuskelzelle. Als Bezugsgröße wurde das Myozyten-spezifische und entwicklungsbiologisch kaum regulierte Calsequestrin 2 (*Casq2*) gewählt. Parallel zu PS-Zell-abgeleiteten Kardiomyozyten (Linie A3 P35; Tag 7+15) wurden Herzproben fetaler (Tag 15 der Embryogenese), neonataler und adulter Mäuse sowie vergleichbar behandelte ES-Zell-Kulturen (R1 P25) untersucht (Abb. 26).

Die Abnahme der *Casq2*-Expression von fetal bis adult (Abb. 26 A) ist ein Ausdruck der relativen Abnahme der Herzmuskelzellzahl in einer Probe gleicher Größe aufgrund der Zunahme in Zellgröße um ~Faktor 30 alleine von neonatal zu adult (Gerdes et al. 1991). Der Vergleich von PS- und ES-Zell-abgeleiteter Myozyten, und der Annahme einer gleichen Zellgröße dieser Myozyten, ist ein Unterschied der *Casq2*-Expression am ehesten Ausdruck einer unterschiedlichen Myozyten Menge (Abb. 26 A).

In PS-Zell-Kulturen zeigte sich im Vergleich zu ES-Zellen ein 7-fach niedrigeres *Casq2*-Transkriptionslevel (Abb. 26 A). Zugleich war α-MHC unverändert (Abb. 26 B), während β-MHC in PS-Zellen erhöht war (Abb. 26 C). Sowohl fetale als auch PS-Zell-abgeleitete Kardiomyozyten exprimierten 2-fach mehr β- als α-MHC (Abb. 26 D). In Herzmuskelzellen aus ES-Zellen war bereits ein MHC-Isoformwechsel (3-fach mehr α- als β-MHC) nachweisbar. Allerdings zeigten diese Zellen im Vergleich zu neonatalen (20-fach mehr α- als β-MHC) oder sogar adulten (80-fach mehr α- als β-MHC) Kardiomyozyten einen weiterhin deutlich unreiferen Differenzierungsgrad (Abb. 26 D).

Ergebnisse

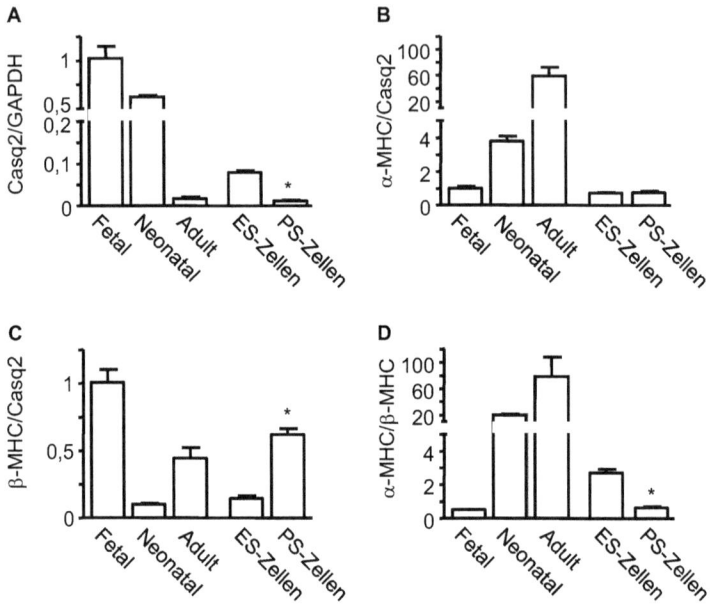

Abb. 26: Reifegrad PS-Zell-abgeleiteter Kardiomyozyten. Darstellung der per qPCR ermittelten Transkriptkonzentrationen von *Casq2* (A), α-MHC (B) und β-MHC (C) sowie der α-MHC/β-MHCTranskript-Ratio (D) in nativem Herzgewebe sowie differenzierten ES- und PS-Zellen (Tag 7+15). *p<0,05 PS- vs. ES-Zellen; n=3-4 pro Gruppe.

3.5 Funktion und Morphologie parthenogenetischer Myozyten *in vitro*

Eine der wichtigsten Eigenschaften von Herzmuskelzellen ist die Fähigkeit, Kontraktionen auszuführen, so dass das Herz als physiologische Pumpe die Blutzirkulation im Organismus gewährleisten kann. Das Zusammenspiel einer Vielzahl von Faktoren ist hierfür im Sinne einer elektromechanischen Kopplung von zentraler Bedeutung. Essentiell sind vor allem (i) funktionelle Ionenkanäle, (ii) ein regulierter Ca^{2+}-Haushalt und (iii) strukturell organisierte Myofilamente (Übersicht in Bers 2002). Diese Parameter wurden in FACS-isolierten Einzelzellen der PS-Zell-Linie A3 untersucht. Die FACS-isolation erfolgte an EB-Kulturtag 7+15.

3.5.1 Identifizierung von Myozyten-Subtypen

Durch Analyse von Aktionspotentialen (APs) können einerseits die Funktionalität von Ionenkanälen überprüft und andererseits myokardiale Zell-Subtypen identifiziert werden. Eine Analyse von APs in PS-Zell-abgeleiteten Herzmuskelzellen erfolgte 5-11 Tage nach FACS-Isolierung EGFP-positiver Zellen. Durchgeführt wurde die *Patch-Clamp* Messung bei Raumtemperatur. Alle untersuchten Zellen (n=102) zeigten hierbei spontane APs mit einer durchschnittlichen Schlagfrequenz von 0,8±0,03 Hz. 48% der Zellen zeigten Ventrikel-ähnliche APs mit (i) einem niedrigen minimalen diastolischen Potential (MDP), (ii) einer schnellen maximalen Aufstrich-Geschwindigkeit (max. dV/dt), (iii) einer großen AP-Amplitude (APA) sowie (iv) einer ausgeprägten Plateau-Phase (Abb. 27 A). Purkinje-ähnliche APs zeigten sich in 13% der untersuchten Zellen. Charakteristisch für diese Zellpopulation war ebenfalls eine schnelle max. dV/dt Kinetik (allerdings schneller als bei den eben beschriebenen Ventrikel-ähnlichen Zellen) gefolgt von einer Plateau-Phase. Zusätzlich zu diesen Eigenschaften konnte diese Zellpopulation anhand einer charakteristischen Kerbe (*notch*) in Phase 1 des APs klassifiziert werden (Abb. 27 B). Das Fehlen einer Plateau-Phase bei gleichzeitig negativem MDP ermöglichte die Zuordnung zu Atrial-ähnlichen Zellen (11%; Abb. 27 C). Als weitere funktionelle Herzmuskel-Population konnten Zellen mit ausgeprägter Schrittmacher-Aktivität in Phase 4 des APs und einem im Vergleich zu den anderen Zellen weniger negativen MDP identifiziert werden (15%). Diese Zellen zeigten darüber hinaus (i) eine vergleichsweise langsame max. dV/dt Kinetik, (ii) eine kleinere APA sowie (iii) keine definierte Plateau-Phase (Abb. 27 D). Von den 102 untersuchten Zellen konnten 14% nicht nach den beschriebenen Zuordnungskriterien klassifiziert werden (intermediäre APs; Abb. 27 E). Die Werte der gemessenen AP-Kinetiken sind in Abb. 27 E zusammengefasst.

Ergebnisse

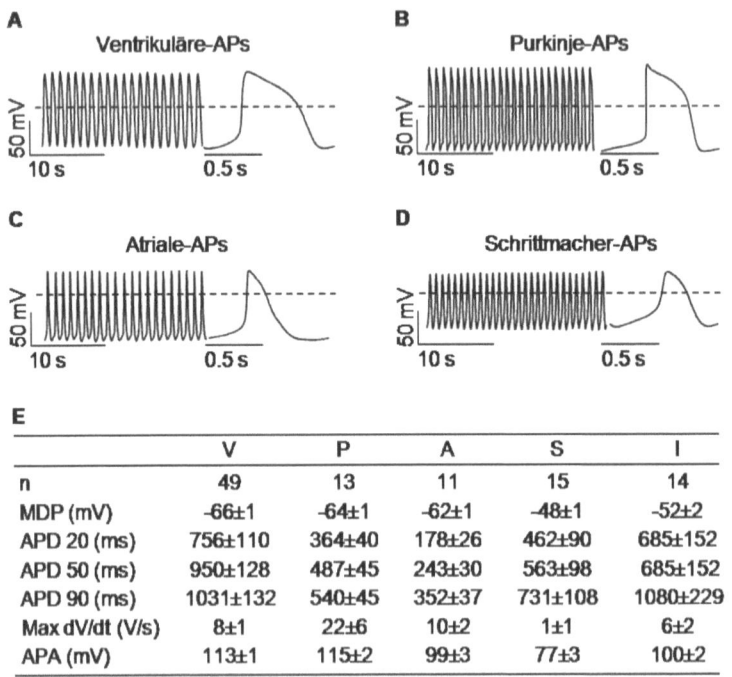

	V	P	A	S	I
n	49	13	11	15	14
MDP (mV)	-66±1	-64±1	-62±1	-48±1	-52±2
APD 20 (ms)	756±110	364±40	178±26	462±90	685±152
APD 50 (ms)	950±128	487±45	243±30	563±98	685±152
APD 90 (ms)	1031±132	540±45	352±37	731±108	1080±229
Max dV/dt (V/s)	8±1	22±6	10±2	1±1	6±2
APA (mV)	113±1	115±2	99±3	77±3	100±2

Abb. 27: Charakteristische APs in PS-Zell-abgeleiteten Kardiomyozyten. (A) Ventrikel-, (B) Purkinje-, (C) Atrial- und (D) Schrittmacher-ähnliche AP-Kinetiken. (E) Zusammenfassung der gemessenen AP-Kinetiken. V: Ventrikel-, P: Purkinje-, A: Atrial-, S, Schrittmacher-ähnliche und I: Intermediäre AP-Kinetiken.

3.5.2 Funktionalität parthenogenetischer Myozyten

In Ventrikel-, Purkinje- und Atrialen-Zellen wird die Phase 0 des APs durch einen schnellen Na^+-Einstrom ausgelöst. Reguliert wird dieses Ereignis durch spannungsgesteuerte Na^+-Kanäle. Die Auslösung als auch Fortleitung von APs in diesen Zellen kann selektiv durch den Natriumkanal-Blocker Tetrodotoxin (TTX) verhindert werden. Des Weiteren wird die Plateau-Phase in Ventrikel- und Purkinje-Zellen durch Ca^{2+}-Einstrom über Dihydropyridin-sensitive Calciumkanäle vom L-Typ aufrecht gehalten (AP-Phase 2). Die Aktivität dieser Kanäle kann durch Nifedipine blockiert werden. Im Gegensatz hierzu wird eine Depolarisation in

Ergebnisse

Schrittmacher-Zellen durch unselektive Kationen- (HCN: Hyperpolarisationsaktivierte Kationenkanäle), sowie T- und L-Typ-Ca^{2+}-Kanäle reguliert.

Eine pharmakologische Intervention mit dem Natriumkanal-Blocker Tetrodotoxin (TTX; 1 µM) führt in PS-Zell-abgeleiteten Arbeitsmyokard-ähnlichen Zellen (Ventrikel- und Purkinje-ähnlichen Zellen) zu einer Reduktion der maximalen Aufstrich-Geschwindigkeit und schließlich zu einem kompletten Verlust der spontanen AP-Aktivität (Abb. 28 A). Depolarisationen von Schrittmacher-ähnlichen Zellen blieben erwartungsgemäß in Gegenwart von TTX unverändert (Abb. 28 B). Nach dem Auswaschen von TTX wurden dieselben Zellen mit Nifedipin (1 µM) behandelt. Die Blockade der L-Typ Ca^{2+}-Kanäle führte in den Ventrikel- und Purkinje-ähnlichen Zellen zu einer deutlich verkürzten Plateau-Phase (Abb. 28 A), während Schrittmacher-ähnliche Zellen nicht mehr in der Lage waren, spontane APs zu generieren (Abb. 28 B). Ein Auswaschen der Substanz führte zu einer kompletten Normalisierung der AP-Kinetiken.

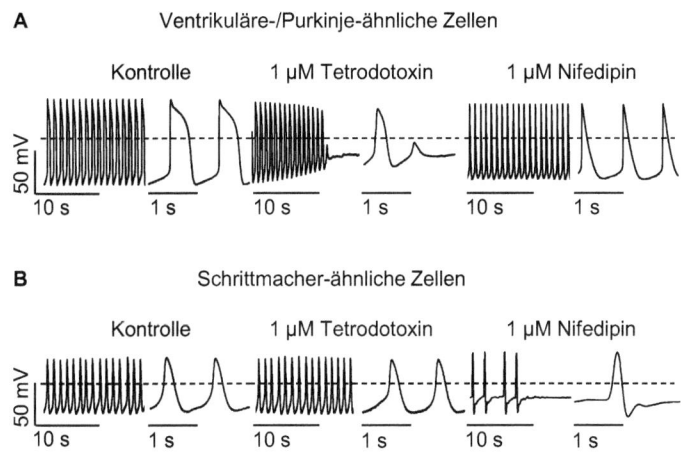

Abb. 28: Funktionalität Arbeitsmyokard-ähnlicher Zellen (Ventrikel- und Purkinje-ähnliche Zellen) und Schrittmacher-ähnlicher Zellen durch pharmakologische Inhibition von Na^{2+}- und L-Typ-Ca^{2+}-Kanälen. Spontane APs von einer (A) Purkinje-ähnlichen Zelle und einer (B) Schrittmacher-ähnlichen Zelle. Spannungsabhängige Na^{2+}-Kanäle wurden zunächst durch Tetrodotoxin (TTX;1 µM) blockiert. Nach einer Auswaschphase wurden L-Typ Ca^{2+}-Kanäle mit Nifedipin (1 µM) blockiert. Gepunktete Linie: 0 mV Membranpotential (repräsentative Aufzeichnung eines von jeweils 3 Experimenten pro Gruppe).

3.5.3 Calcium-Homöostase

Die kontraktile Funktion des Herzmuskels wird in erster Linie durch die systolische Zunahme und diastolische Abnahme der intrazellulären Ca^{2+}-Konzentration gesteuert (Ringer 1988). Ein ausgelöstes AP führt durch den Na^+-Einstrom ins Zytosol zur Depolarisierung und somit zur Aktivierung spannungsabhängiger L-Typ-Ca^{2+}-Kanäle. Die einströmenden Ca^{2+}-Ionen verursachen durch Bindung an den Ryanodin-Rezeptor (RyR2) eine intrazelluläre Ca^{2+}-Freisetzung aus dem sarkoplasmatischen Retikulum (SR; Ca^{2+}-induzierte Ca^{2+}-Freisetzung, CICR). Der Anstieg der Ca^{2+}-Ionen initiiert die Interaktion der Aktin- und Myosinfilamente und sorgt letztendlich für die Ausführung einer Kontraktion und Kraftentwicklung jeder einzelnen Herzmuskelzelle.

Zur optischen Visualisierung intrazellulärer Ca^{2+}-Ströme wurden PS-Zellabgeleitete Herzmuskelzellen mit dem Ca^{2+}-sensitiven Farbstoff Rhod-2 beladen (Abb. 29). Alle Messungen wurden bei Raumtemperatur durchgeführt. In der schnellen 2D-Bildaufzeichnung zeigte sich erwartungsgemäß eine hohe systolische (Abb. 29 B) und eine niedrige diastolische Ca^{2+}-Konzentration (Abb. 29 C). Die Kinetik der Rhod-2 Fluoreszenzintensitätsänderungen zeigte einen schnellen systolischen Anstieg der intrazellulären Ca^{2+}-Konzentration (10-90%: 250±17 ms; n=33) und eine langsame Abnahme des Rhod-2 Signals während der Diastole (90-50%: 308±37 ms; n=33; Abb. 29 D und E). Die Zugabe von Koffein (10 mM) induzierte eine rasche Entleerung intrazellulärer Ca^{2+}-Speicher, möglicherweise aus einem funktionellen SR (Abb. 29 E).

Ergebnisse

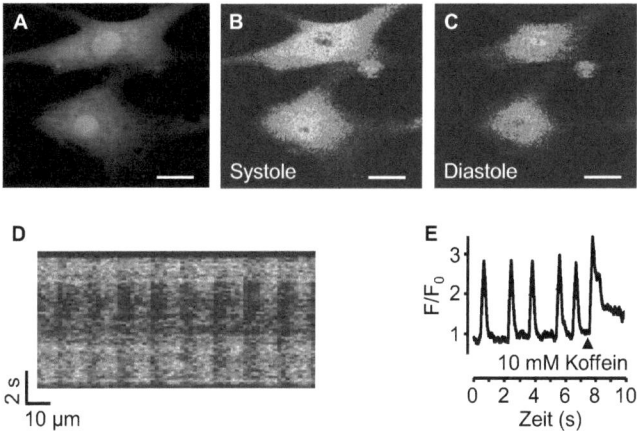

Abb. 29: Ca^{2+}-Ströme in PS-Zell-abgeleiteten Herzmuskelzellen. (A-C) EGFP-positive Zelle nach Beladung mit dem Ca^{2+}-sensitiven Farbstoff Rhod-2 (grün: EGFP, rot: Rhod-2); (B) Systole (maximale Ca^{2+}-Intensität); (C) Diastole (minimale Ca^{2+}-Intensität). (D) Aufzeichnung von Ca^{2+}-Transienten im *Line-Scan* Modus. (E) Spontane Ca^{2+}-Transienten gefolgt von einer Entleerung intrazellulärer Ca^{2+}-Speicher nach Koffein (10 mM) Bolusapplikation. Calcium-Transienten wurden bei Raumtemperatur aufgezeichnet. Längenmaßstäbe: 20 µm.

3.5.4 Organisation kardialer Proteine

Ein gerichteter Aufbau des myofibrillären Apparats ist für regelhafte Kontraktionen essentiell. Immunfluoreszenz-Färbungen EGFP-sortierter Zellen belegen die Expression Kardiomyozyten-spezifischer Strukturproteine wie Myosin, kardiales Troponin I (cTnI), α-Aktinin und Aktin (Abb. 30) in einer charakteristischen quergestreiften Anordnung. Des Weiteren konnte die Anwesenheit von Connexin 43 (Cx43), einem zentralen Bestandteil von *Gap Junctions*, zwischen zwei PS-Zell-abgeleiteten Herzmuskelzellen nachgewiesen werden (Abb. 30). Zusätzlich zu den gerade erwähnten Proteinen konnte im Einklang mit den Transkriptanalysen (Abb. 20) die Expression des kardialen Transkriptionsfaktors Nkx2.5 gezeigt werden (Abb. 30).

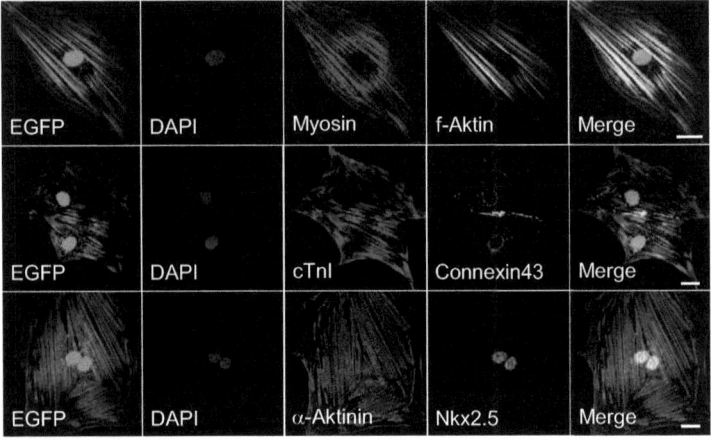

Abb. 30: Morphologische Charakterisierung PS-Zell-abgeleiteter Herzmuskelzellen. Von links nach rechts: EGFP: grün; Nuklei: blau (DAPI); in der Abbildung beschriebener Proteine: rot und weiß. *Merge* = Überlagerung der Bilder einer Reihe. Längenmaßstäbe: 20 µm.

3.6 Funktionelle Kopplung parthenogenetischer Myozyten *in vivo*

Eine Myozyten-spezifische Funktionalität von PS-Zell-Kardiomyozyten konnte *in vitro* eindeutig nachgewiesen werden (Abb. 27, Abb. 28). Eine hieran anknüpfende Fragestellung war, inwiefern PS-Zell-abgeleitete Herzmuskelzellen die Fähigkeit besitzen, auch funktionell in natives Myokard *in vivo* zu integrieren. Zur Beantwortung dieser wichtigen Frage wurden zum einen die Herzen chimärer Mäuse untersucht, zum anderen erfolgte die Injektion *in vitro* differenzierter PS-Zell-Kulturen direkt ins Myokard narkotisierter Mäuse. In beiden Fällen fand sowohl eine histologische Untersuchung als auch ein funktioneller Kopplungsnachweis mittels 2-Photonen-Mikroskopie statt.

3.6.1 Funktionelle Kopplung in chimären Herzen

PS-Zell-abgeleitete Zellen (Linie A3) wurden anhand einer Myozyten-spezifischen EGFP-Expression in Herzen chimärer Tiere identifiziert. Untersucht wurden hierbei

Ergebnisse

fetale (Tag 14 der Embryogenese; n=6), neonatale (15 Tage postnatal; n=1) und adulte (3 Monate postnatal; n=1) Herzen. In Übereinstimmung mit der elektrophysiologischen Klassifizierung typischer Kardiomyozyten-Subpopulationen nach *in vitro* Differenzierung (Abb. 27), konnten PS-Zell-Derivate in verschiedenen Regionen adulter Herzen gefunden werden (Abb. 31). Im Ventrikel zeigten EGFP-exprimierende Zellen eine für adulte Kardiomyozyten typische stabförmige (*rod-shaped*) Morphologie als Zeichen einer Organ-typischen Maturierung (Abb. 31 D). Die Expression von Cx43 zwischen EGFP-positiven und -negativen Herzmuskelzellen ließ auf eine mögliche Integration PS-Zell-abgeleiteter Kardiomyozyten ins Myokard schließen (Abb. 31 D). Aus PS-Zellen differenzierte Myozyten waren auch im Erregungsleitungssystem nachweisbar (Abb. 31 B und C). Diese Region des Herzens konnte histologisch durch eine hohe Dichte cholinerger Nervenfasern anhand eines Acetylcholinesterase-Nachweises identifiziert werden (Abb. 31 B). Weiterhin zeichnete sich der AV-Knoten charakteristischerweise durch die fehlende Expression des *Gap-Junction* Proteins Cx43 aus (Abb. 31 C).

Ergebnisse

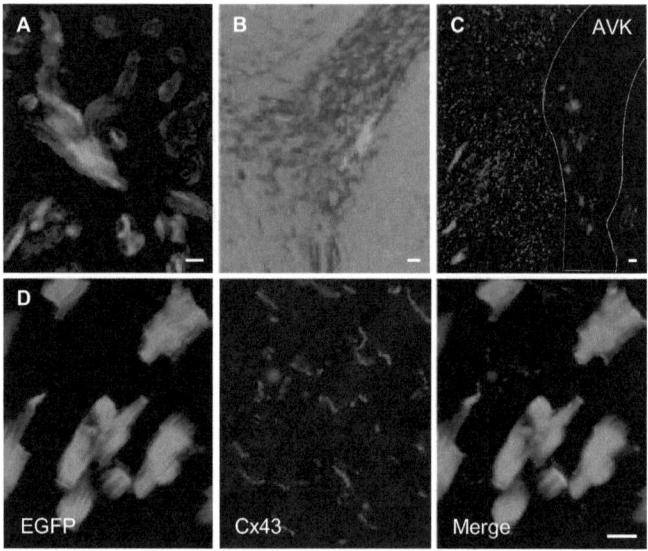

Abb. 31: *In vivo* Integration PS-Zell-abgeleiteter Myozyten. Ausschnitt aus dem Herz adulter chimärer Mäuse generiert durch Blastozysten-Injektion von PS-Zellen (Linie A3). EGFP-exprimierende PS-Zell-Derivate wurden in den Vorhöfen (A), Anteilen des Reizleitungssystems (B und C; AChE: Acetylcholinesterase; AVK: AV-Knoten) und im Ventrikel (D) nachgewiesen. Immunfluoreszenzfärbung von α-Aktinin (rot; in A) und Connexin 43 (rot; in D). Längenmaßstäbe: 20 µm.

Die Expression von Cx43 zwischen zwei benachbarten Myozyten beweist nicht, dass eine elektrische Kopplung vorliegt. Um die funktionelle Integration PS-Zell-abgeleiteter Herzmuskelzellen ins Myokard zu verifizieren, wurden chimäre Herzen mit dem Ca^{2+}-sensitiven Farbstoff Rhod-2 beladen. Unter Perfusion erfolgte die Messung intrazellulärer Ca^{2+}-Ströme zwischen EGFP-positiven und -negativen Myozyten mittels 2-Photonen-Laser-Mikroskopie (Abb. 32 A). Die Aufzeichnung im *Line Scan* Modus zeigte eindeutig das Vorhandensein synchroner Ca^{2+}-Transienten zwischen PS-Zell-abgeleiteten (EGFP-positiv) und nativen (EGFP-negativ) Herzmuskelzellen (Abb. 32 B und C). Die vergleichbare Kinetik der Ca^{2+}-Transienten deutet auf ähnliche Prozesse der Ca^{2+}-Homöostase in diesen Zellen hin.

Ergebnisse

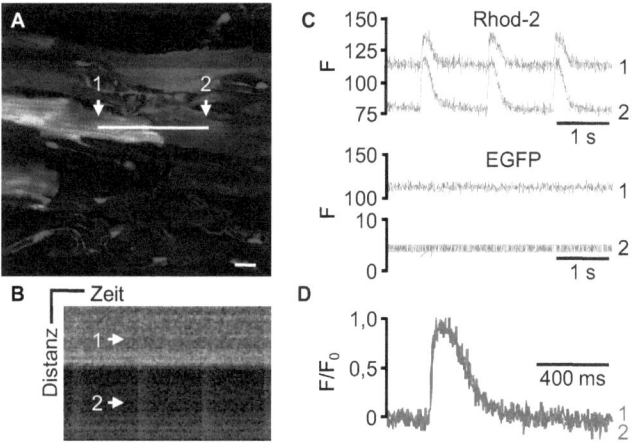

1: PS-Zell-abgeleitete Kardiomyozyte
2: native Kardiomyozyte

Abb. 32: Funktionelle Kopplung von PS-Zell-Derivaten in chimären Herzen. 2-Photonen-Laser-Mikroskopie zur Darstellung intrazellulärer Ca^{2+}-Transienten in perfundierten Herzen chimärer Mäuse nach Beladung mit dem Ca^{2+}-Indikator Rhod2. (A) 2D- und (B) *Line Scan* Aufnahmen während eines normalen Sinusrhythmus. Pfeil 1 und 2: EGFP-positive (PS-Zell-Derivat) und EGFP-negative Zelle. Entlang der Linie in A wurde der *Line Scan* durchgeführt. (C) Graphische Darstellung der gemittelten Rhod2- und EGFP- Fluorenzenzintensitäten der EGFP-positiven Myozyte 1 und der EGFP-negativen Myozyte 2. (D) Überlagerung der Intensität-normalisierten Ca^{2+}-Transienten von Zelle 1 und 2. F: Fluoreszenzintensität; F0: basale Fluoreszenzintensität. Längenmaßstab: 20 µm.

3.6.2 Funktionelle Kopplung nach Injektion ins Herz

Alternativ zum Kopplungsnachweis PS-Zell-abgeleiteter Kardiomyozyten in chimären Herzen erfolgte die Injektion *in vitro* differenzierter PS-Zell-Kulturen direkt ins Myokard immundefizienter Mäuse. Die Differenzierung der PS-Zellen (Linie A3) erfolgte zur Anreicherung der Kardiomyozyten-Population nach dem Zytokin-Induktions-Protokoll (Abb. 25).

EGFP-exprimierende Transplantate konnten drei Wochen nach Zell-Injektion in den Herzen gefunden werden (Abb. 33). Im kardiogenen Milieu zeigten PS-Zell-Derivate erstaunlicherweise morphologische Änderungen als Zeichen fortlaufender Maturierung. So konnte eine eindeutig stabförmige Struktur dieser

Zellen sowohl anhand der EGFP-Epifluoreszenz als auch durch eine α-Aktinin-Färbung mit Querstreifung der Myofilamten demonstriert werden (Abb. 33 A; Vergrößerung). Als weiteres Zeichen einer Maturierung und myokardialer Integration konnte das *Gap Junction* Protein Cx43 zwischen PS-Zell-abgeleiteten Myozyten und nativen Herzmuskelzellen nachgewiesen werden (Abb. 33 B). Auch in diesen Herzen erfolgte die Messung intrazellulärer Ca^{2+}-Transienten zwischen EGFP-exprimierenden PS-Zell-Derivaten und den nativen Herzmuskelzellen (Abb. 34). Drei Wochen nach der Zelltransplantation konnten allerdings auch Teratome in den Herzen nachgewiesen werden (Abb. 33 C).

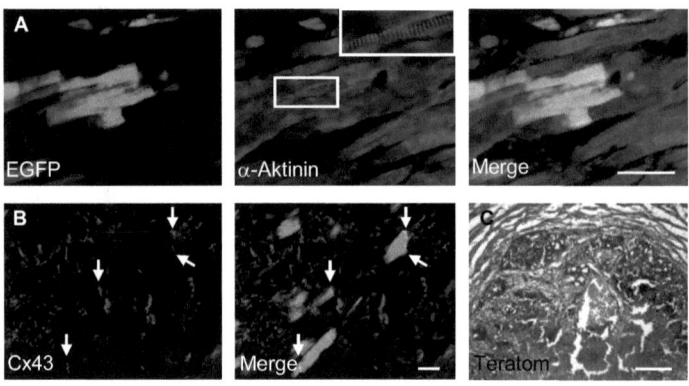

Abb. 33: Integration *in vitro* differenzierter PS-Zellen nach Injektion ins Myokard. (A) EGFP-positive Transplantate drei Wochen nach intramyokardialer Injektion (rot: α-Aktinin). (B) Cx43-Expression zwischen nativen- und PS-Zell-abgeleiteten Myozyte. (C) Teratombildung 3 Wochen nach Zelltransplantation. Längenmaßstäbe: 100 µm (A und B) bzw. 50 µm (C).

Vergleichbar zur Messung intrazellulärer Ca^{2+}-Transienten in den chimären Herzen (Abb. 32), konnte auch hier eine funktionelle Kopplung EGFP-positiver Transplantate (Zelle 1) mit dem nativen Myokard festgestellt werden (Abb. 34).

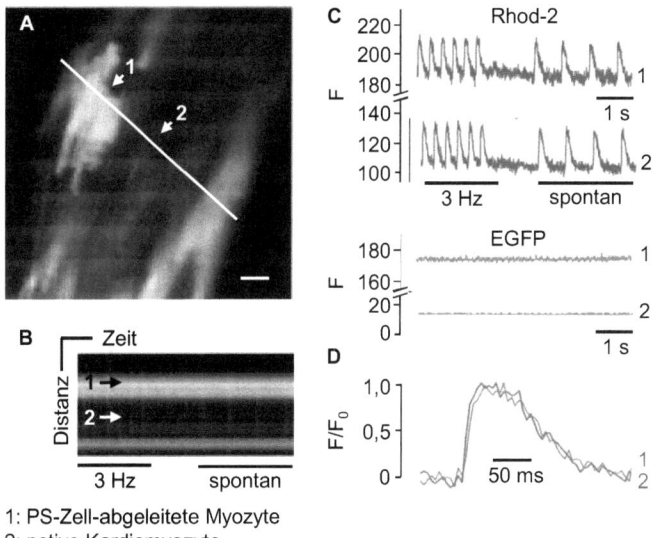

1: PS-Zell-abgeleitete Myozyte
2: native Kardiomyozyte

Abb. 34: Kopplungsnachweis PS-Zell-Transplantate ins Myokard. (A) Rhod-2 beladendes Herz. EGFP-positive Transplantate waren deutlich erkennbar. (B) Repräsentativer *Line Scan* entlang einer EGFP-positiven (Zelle 1) und nativen (Zelle 2) Myozyte, elektrisch stimuliert (3 Hz) und spontan kontrahierend. (C) Graphische Darstellung der gemittelten Rhod2- und EGFP-Fluoreszenzintensitäten der EGFP-exprimierenden Myozyte 1 und der EGFP-negativen Myozyte 2 stimuliert (3 Hz) und unstimuliert. (D) Überlagerung Intensität-normalisierter Ca^{2+}-Transienten von Zelle 1 und 2. F: Absolute Fluoreszenzintensität. F0: Diastolische Fluoreszenzintensität. Längenmaßstab: 20 µm.

Zusammenfassend konnte bestätigt werden, dass PS-Zellen die Fähigkeit besitzen, in kardiogenen *in vivo* Bedingungen weiter zu reifen und ein funktionelles Synzytium mit nativen Myokard sowohl in chimären Herzen als auch nach direkter Zell-Injektion zu bilden.

3.7 Engineered Heart Tissue aus parthenogenetischen Stammzellen

In unserer Arbeitsgruppe wurde die Herstellung von künstlichem Herzgewebe (*Engineered Heart Tissue*; EHT) unter Verwendung von Kollagen I als biologische Trägersubstanz entwickelt (Eschenhagen et al. 1997, Zimmermann et al. 2000). Prinzipiell eignen sich EHTs (i) zur Untersuchung von kardialen

Entwicklungsprozessen *in vitro*, (ii) als Herzgewebeersatz *in vivo* (Zimmermann et al. 2006) und (iii) als *in vitro* Modell zur Austestung herzwirksamer pharmakologischer Substanzen (El-Armouche et al. 2007). Die Verwendung von pluripotenten Stammzellen scheint für die Weiterentwicklung der EHT-Technologie essentiell.

Nachdem PS-Zellen bzw. deren kardiomyogenen Derivate im Rahmen dieser Arbeit detailliert charakterisiert wurden, erfolgte als *proof-of-concept* die Generierung von EHTs. Die Herstellung von funktionellen PS-Zell-EHTs (Linie A3) aus EB-Kulturen nach spontaner Differenzierung resultierte nicht in kohärent kontrahierenden EHTs. Auch die Anreicherung des Myozyten-Anteils durch herausschneiden der schlagenden EB-Areale oder durch FACS-Isolierung EGFP-positiver Myozyten blieb erfolglos (Daten nicht gezeigt). Beide Ansätze scheiterten möglicherweise an einem unzureichenden Anteil von Myozyten im Verhältnis zu Nicht-Myozyten in den EB-Kulturen. Erst unter Verwendung Zytokin-induzierter PS-Zell-Kulturen (Abb. 25) gelang die Herstellung kontraktiler EHTs aus PS-Zell-abgeleiteten Herzmuskelzellen (Abb. 35). Bereits drei Tage nach der Herstellung waren synchron schlagende *in vitro* Gewebe erkennbar. Innerhalb der folgenden Kulturphase (5 Tage) auf statischen Dehnungsapparaturen zeigte sich allerdings ein deutlicher Rückgang der kontraktilen Aktivität. Der Verlust der Kontraktilität wurde vermutlich durch eine Überwucherung mit Nicht-Herzmuskelzellen verursacht. An Tag 8 der Kultur konnte in isometrischen Kontraktionskraftexperimenten bei 2,4 mM Ca^{2+}-Gehalt eine maximale Kraft von 60±0,07 µN (n=8) ermittelt werden (Abb. 35 B). Um die Proliferation der Nicht-Myozyten zu kontrollieren, erfolgte die Zugabe des Zytostatikums Cytosin-Arabinosid (AraC; 25 µM) an Tag 3 der EHT-Kultur. Unter diesen Bedingungen zeigte sich eine deutlich gesteigerter maximale Kontraktionskraft von 170±0,02 µN bei einer Ca^{2+}-Konzentration von 2 mM (n=8; Abb. 35 B und C).

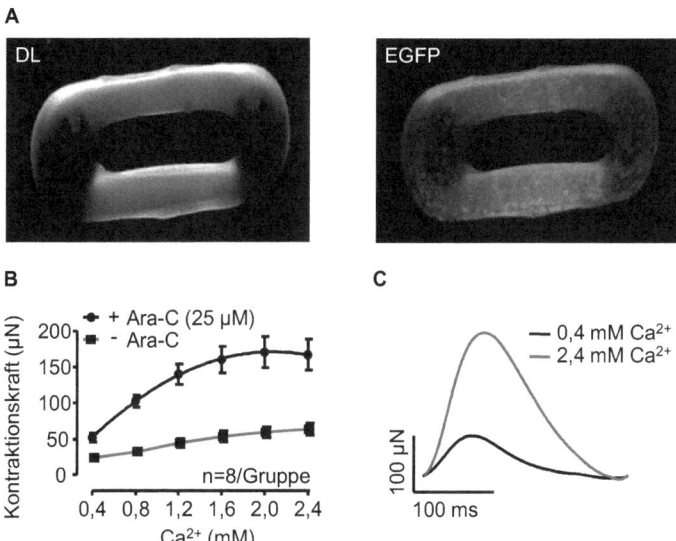

Abb. 35: Künstliche Herzgewebe aus PS-Zell-Derivaten. (A) EHT auf einer statischen Dehnungsapparatur an Kulturtag 8. Durchlicht- (DL) und EGFP-Epifluoreszenz-Aufnahme. (B und C) Isometrische Kontraktionskraftmessungen wurden an EHTs an Kulturtag 8 durchgeführt. EHTs wurden ohne oder mit Wachstumsinhibition durch Cytarabin (AraC; 25 µM) kultiviert. (C) Einzelkontraktionsamplituden eines mit AraC-behandelten EHTs bei niedrigen und hohen Ca^{2+}-Konzentrationen.

Immunhistologische Untersuchungen von PS-Zell-EHTs zeigten EGFP-positive Zellen mit eine deutlichen Querstreifung der Myofilamente (α-Aktinin; Abb. 36). Morphologisch wiesen PS-Zell-Myozyten im EHT-Modell eine klar anisotrope Struktur auf (Abb. 36).

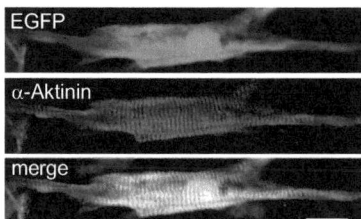

Abb. 36: Morphologie von PS-Zell-Myozyten im EHT-Modell. Immunfluoreszenz-Färbung von einer Herzmuskelzelle in einem PS-Zell-EHT an Kulturtag 8. Grün: EGFP-Epifluoreszenz (PS-Zelllinie A3); rot: α-Aktinin; blau: DAPI (Nuklei). Längenmaßstab: 20 µm.

Ergebnisse

3.8 Rolle der Nicht-Myozyten für das kardiale *Tissue Engineering*

Das Herz besteht aus zellulärer Sicht zum überwiegenden Teil aus Nicht-Myozyten. Zu dieser Zellfraktion gehören neben Endothel- und glatte Gefäßmuskelzellen vor allem auch Fibroblasten. Obwohl Kardiomyozyten 90% des Zellvolumens im Herzen ausmachen, ist ihr prozentualer Zellanteil mit 30% verhältnismäßig gering (Weber et al. 1989).

Der Anteil an Nicht-Myozyten spielte möglicherweise auch bei der Herstellung von PS-Zell-EHTs eine wesentliche Rolle (Abb. 35). So führte eine mengenmäßig zu große Anzahl an Nicht-Myozyten zu keiner bzw. verminderter Kontraktionskraftentwicklung (Abb. 35 B). Um die Rolle der Nicht-Myozyten für die Ausbildung von künstlichem Herzgewebe grundsätzlich zu untersuchen, sollten EHTs mit definierten Herzmuskel und Nicht-Herzmuskelanteilen hergestellt werden. Während Herzmuskelzellen über eine transgene Selektion aufgereinigt werden können (Klug et al. 1996), lassen sich Nicht-Myozyten leicht aus neonatalen Mausherzen isolieren. Da bis dato kein PS-Zell-Myozyten-Selektionsmodell vorlag, wurden diese Experimente mit einer selektionierbaren ES-Zell-Linie (A6-α-MHC-NeoR; C. Rogge Dissertation 2007) durchgeführt. Parallel wurde ein vergleichbarer PS-Zell-Ansatz entwickelt.

3.8.1 Myozyten-Gewinnung aus ES-Zellen mittels Bioreaktortechnologie

Differenzierung und Aufreinigung ES-Zell-abgeleiteter Myozyten erfolgte in 500 ml Bioreaktoren (Rührflaschen; Abb. 37 A). Nach einer Differenzierungsphase von 11 Tagen wurde die Antibiotikum-vermittelte Abtötung nicht-resistenter Zellen initiiert (G418: 200 µg/ml; Abb. 37 B und C). Der Zusatz des Antibiotikums resultierte in einer deutlichen Abnahme der Zellzahl (Abb. 37 D). Aus initial 5×10^7 eingesetzten ES-Zellen konnten schließlich $24 \pm 7 \times 10^6$ (n=3) Myozyten geerntet werden (Kulturtag 16; Abb. 37 D). Parallel zur Abtötung der Nicht-Myozyten unter G418-Selektion zeigte sich eine deutliche Zunahme kontrahierender EBs (Abb. 37 E). Weitere Untersuchungen auf transkriptioneller Ebene verdeutlichten die Spezifität der kardiomyogenen Selektion. Neben einer starken Abnahme der Oct3/4

Transkripte konnte eine deutliche Erhöhung der α-MHC-Transkriptkonzentration beobachtet werden (Abb. 37 F).

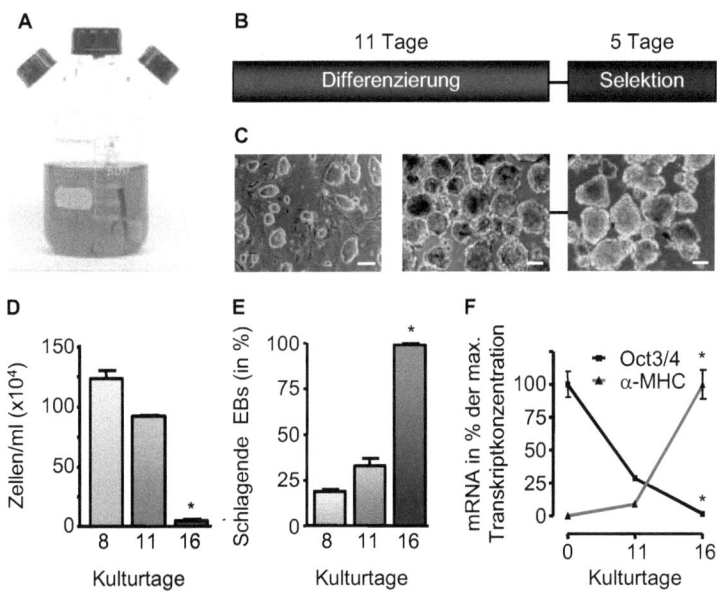

Abb. 37: Kardiomyoyzten-Selektion in Bioreaktoren. Rührflaschen (A) wurden mit ES-Zellen beimpft und nach einer 11-tägigen Differenzierungsphase für 5 Tage unter Zusatz von G418 (200 µg/ml) selektioniert (B). (C) Undifferenzierte ES-Zellen (α-MHC-NeoR; links). EBs an Tag 11 (mittig) und an Tag 16 der Differenzierung (rechts). (D) Analyse der Zellzahl im Bioreaktorkulturverlauf; die G418-Selektion wurde an Kulturtag 11 gestartet. (E) Darstellung des Anteils kontrahierender EBs im Kulturverlauf. (F) qPCR Analyse der Transkriptkonzentration von Oct3/4 und α-MHC im Kulturverlauf. Längenmaßstäbe: 100 µm. *$p<0,05$ Kulturtag 11 vs. 16; n=3 pro Gruppe.

Elektrophysiologische Untersuchungen demonstrierten die Funktionalität und Reinheit der selektionierten Kardiomyozyten. Anhand von AP-Charakteristika (Abb. 38) erfolgte die Klassifizierung in funktionelle Subtypen. 25% der untersuchten Zellen (n=95) zeigten Ventrikel-, 33% Purkinje-, 12% Atrial- und 18% Schrittmacher-ähnliche AP-Kinetiken (Abb. 38). Zu den intermediären APs wurden 7% der gemessenen Zellen eingeteilt. In 5% der Zellen nach G418-Selektion konnten keine APs abgeleitet werden. Ausgehend von diesen Befunden wurde eine Kardiomyozyten-Reinheit von 95% angenommen.

Ergebnisse

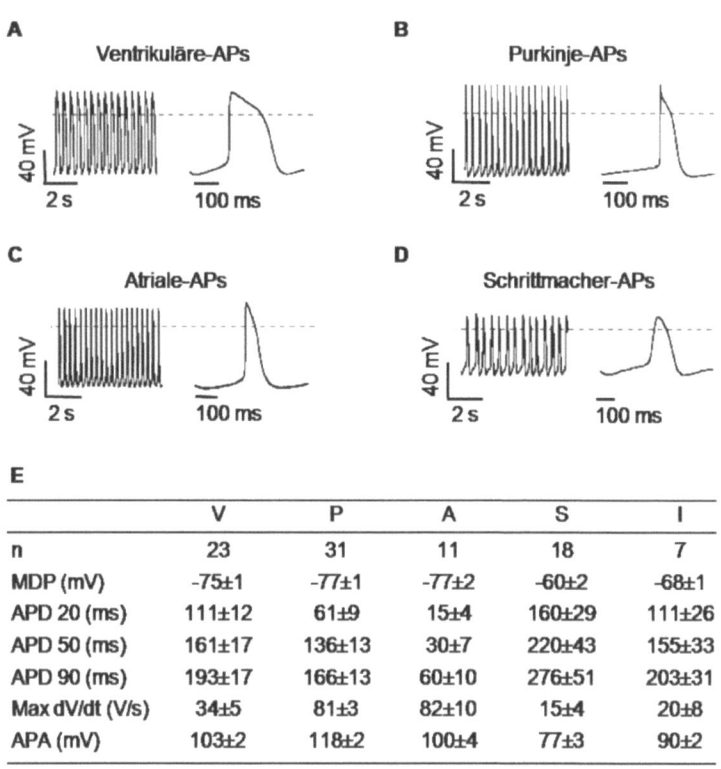

	V	P	A	S	I
n	23	31	11	18	7
MDP (mV)	-75±1	-77±1	-77±2	-60±2	-68±1
APD 20 (ms)	111±12	61±9	15±4	160±29	111±26
APD 50 (ms)	161±17	136±13	30±7	220±43	155±33
APD 90 (ms)	193±17	166±13	60±10	276±51	203±31
Max dV/dt (V/s)	34±5	81±3	82±10	15±4	20±8
APA (mV)	103±2	118±2	100±4	77±3	90±2

Abb. 38: AP-Kinetiken aufgereinigter ES-Zell-Kardiomyozyten. (A) Ventrikel-, (B) Purkinje-, (C) Atrial- und (D) Schrittmacher-ähnliche AP-Kinetiken. (E) Zusammenfassung der gemessenen AP-Kinetiken. V: Ventrikel-, P: Purkinje-, A: Atrial-, S, Schrittmacher-ähnliche und I: Intermediäre AP-Kinetiken.

3.8.2 Herstellung von ES-Zell-EHTs durch Zusatz von Nicht-Myozyten

Zur Herstellung künstlicher Herzgewebe wurden definierte Mischungen aus kardialen Nicht-Myozyten und selektionierten ES-Zell-Myozyten hergestellt. Eine genauere Charakterisierung beider Zellfraktionen auf transkriptioneller Ebene zeigte die Expression der kardiovaskulären Marker DDR-2 (Fibroblasten), Tie-2 (Endothelzellen) und SM-MHC (glatte Gefäßmuskelzellen) überwiegend in den

Ergebnisse

Nicht-Myozyten (Abb. 39). Das Kardiomyozyten-spezifische α-MHC-Transkript war ausschließlich in der Myozyten-Fraktion nachweisbar (Abb. 39).

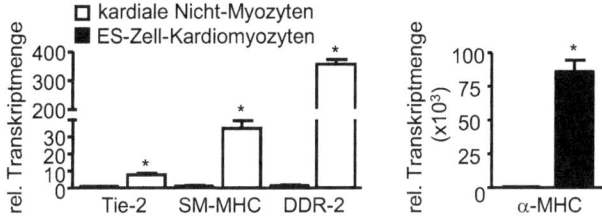

Abb. 39: Charakterisierung der Myozyten und Nicht-Myozyten Zellfraktionen. qPCR Analyse der Transkriptkonzentration von Tie-2, SM-MHC, DDR-2 und α-MHC in kardialen Nicht-Myozyten und aufgereinigten ES-Zell-Myozyten. *p<0,05; n=3 pro Gruppe.

Bei Anwendung reiner Myozyten-Populationen (1,5x10^6 Zellen pro EHT) bildeten sich keine künstlichen Herzgewebe aus (Abb. 40 A und B). Vielmehr zeigten einzelne Kardiomyozyten-Aggregate in der sich nicht kondensierenden Matrix spontane und unkoordinierte Kontraktionen (Abb. 40 B). Bei einem Verhältnis von 75% aufgereinigter ES-Zell-Myozyten und 25% Nicht-Myozyten (Zellmischung II; Abb. 40 A und C) zeigte sich dagegen eine deutliche Gewebebildung (Abb. 40 C). Erste synchrone Kontraktionen waren bereits nach 48 Stunden zu erkennen. Die Verwendung einer Zellmischung mit 50% Myozyten und 50% Nicht-Myozyten (Zellmischung III; Abb. 40 A) führte ebenfalls zu spontan schlagenden Herzgeweben. Die kontraktile Aktivität hingegen ließ bereits nach 72 Stunden deutlich nach. An Tag 3 erfolgte die Überführung der gebildeten Geweberinge auf statische Dehnungsapparaturen. Unter diesen Bedingungen wurde die EHT-Kultur für weitere drei Tage unter Zusatz von G418 fortgesetzt, um eine Überwucherung der Nicht-Myozyten zu vermeiden. Nach 6-tägiger Kultur waren in den EHTs, hergestellt nach Zellmischung III (50% Myozyten und 50% Nicht-Myozyten; Abb. 40 A), nur lokal begrenzte Kontraktionen ersichtlich. Kohärent schlagenden Gewebe wurden nur mit der initialen Zellzusammensetzung II (75% Myozyten unter Zusatz von 25% kardialer Nicht-Myozyten; Abb. 40 C) erzielt und weiterführend untersucht.

Ergebnisse

Immunfluoreszenz-Untersuchungen zeigten die Ausbildung dichtgepackter Muskelsträngen mit deutlich längsorientierten Myozyten (Abb. 40 D). Herzmuskelzellen innerhalb dieser künstlichen Herzgewebe zeigten eine Querstreifung der Myofilamente (Abb. 40 E: Aktin; cTnI). Des Weiteren deutete eine Cx43 Expression zwischen benachbarten Myozyten auf die Ausbildung eines funktionellen Synzytiums hin (Abb. 40 E; Pfeile).

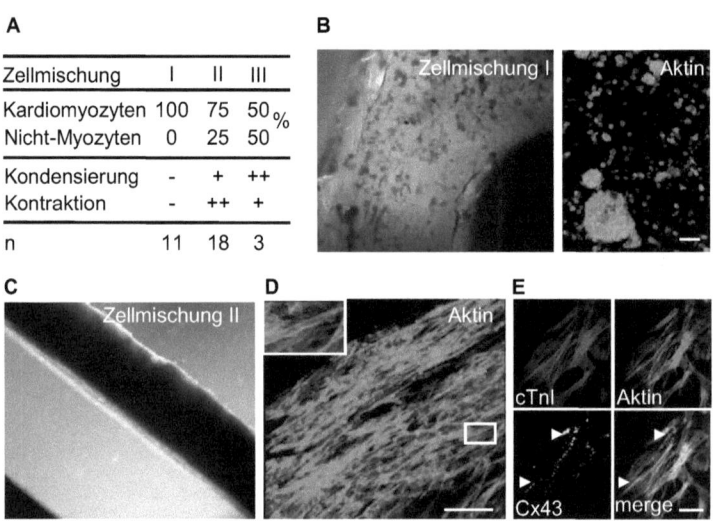

Abb. 40: Herstellung künstlicher Herzgewebe aus definierten Myozyten/Nicht-Myozyten Mischungen. (A) Untersuchte Zellmischungen zur EHT-Herstellung sowie semiquantitative Angaben zu Unterschieden in der Matrixkondensierung und Kontraktilität. (B) Mikrophotographie und Immunfluoreszenz-Färbung eines experimentellen Ansatzes zu Herstellung von EHTs aus reinen Myozyten-Populationen. (C) Mikrophotographie und (D und E) Immunfluoreszenz-Färbung eines experimentellen Ansatzes zu Herstellung von EHTs aus 75% Kardiomyozyten und 25% Nicht-Kardiomyozyten. Grün: Aktin; rot: cTnI; weiß: Cx43 zwischen benachbarten Myozyten (Pfeile in C; rechts); blau: DAPI (Nuklei). Längenmaßstäbe: (B): 50 µm, (C): 100 µm und 20 µm (rechts).

3.8.3 Funktionelle Charakterisierung von ES-Zell-EHTs

Isometrische Kontraktions-Messungen an Kulturtag 6 zeigten eine Kraftentwicklung von 64±13 µN (n=10) bei maximaler inotroper Stimulation mit 2,4 mM Ca^{2+} (Abb. 41 A). Eine Aktivierung der β-Adrenozeptoren durch Isoprenalin

(1 µM Isopranalin bei 0,8 mM Ca^{2+}) resultierte ebenfalls in einem positiv inotropen Effekt assoziiert mit einer Kraftzunahme (37±8 vs. 46±8 µN; n=10; Abb. 41 B). Der positiv inotrope Isoprenalineffekt konnte durch pharmakologische Aktivierung muskarinerger Rezeptoren (Carbochol: 1 µM) antagonisiert werden (Abb. 41 B).

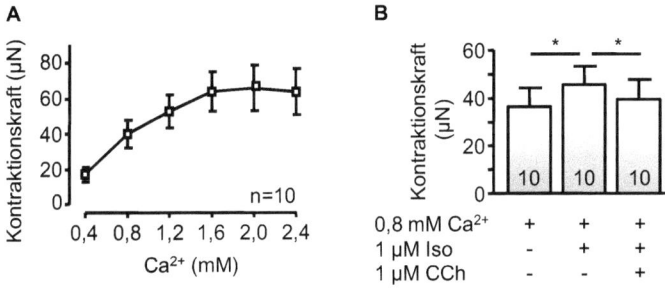

Abb. 41: Isometrische Kontraktionskraft-Messung. (A) Kontraktionskraft in Abhängigkeit der extrazellulären Ca^{2+}-Konzentration (0,4–2,4 mM). (B) Zunahme der Kontraktionskraft nach β-adrenerger Stimulation (Iso: 1 µM; bei 0,8 mM Ca^{2+}). Antagonisierung des positiv inotropen Effektes durch Carbachol (CCh; 1 µM). *p<0,05.

3.8.4 Zelltyp-spezifische Transkripte im EHT-Kulturverlauf

Während der initialen EHT-Kulturphase (Tag 0-3) konnte eine Zunahme der DDR-2 und Tie-2 Transkriptkonzentration detektiert werden (Abb. 42). Dies könnte entweder durch Proliferation von Fibroblasten und Endothelzellen oder durch kulturbedingte Expressionsänderungen zurück zu führen sein. Im Gegensatz hierzu zeigte vor allem SM-MHC eine initiale Abnahme der Transkriptkonzentration (Abb. 42). Ähnliches konnte auch für die Expression von α-MHC festgestellt werden. Hier erfolgte allerdings eine geringere Reduktion um der Transkriptmenge auf 54% der Ausgangslage (Tag 0 vs. Tag 3; Abb. 42).

Der Zusatz von G418 an EHT-Kulturtag 3-6 führte nicht zu einer Fibroblasten-Elimination (Abb. 42). Transkriptionell konnte vielmehr ein weiterer Anstieg der Fibroblasten-spezifischen DDR-2-Trankriptkonzentration nachgewiesen werden (Abb. 42). Im Gegensatz hierzu führte die Antibiotikum-vermittelte Selektion zu einer vollständigen Elimination des Endothelzell-spezifischen Transkripts Tie-2 (Abb. 42). Die Transkriptkonzentration von SM-MHC blieb auch nach G418 Selektion auf niedrigem Niveau nahezu unverändert (Abb. 42). Im Falle von α-MHC zeigte das Transkriptionsniveau nach G418-Zusatz erwartungsgemäß keine weiteren Veränderungen (Abb. 42).

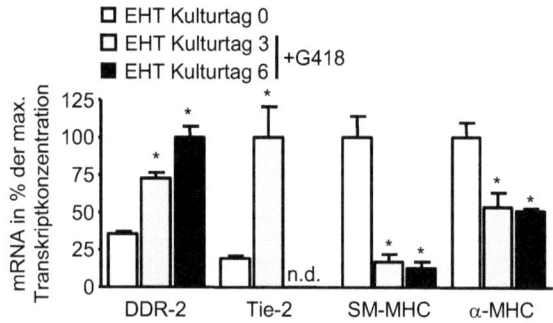

Abb.42: Expression kardiovaskulärer Marker im Verlauf der EHT-Kultur. Darstellung der per qPCR ermittelten Transkriptkonzentration von DDR-2, Tie-2, SM-MHC und αMHC. Im Kulturverlauf wurde ab Tag 3 mit G418 (200 µg/ml) selektiert. Die Normalisierung der Transkriptkonzentrationen erfolgte auf GAPDH. *p<0,05 vs. Kulturtag 0; n=4 pro Gruppe.

3.8.5 Aufbau der extrazellulären Matrix durch Fibroblasten

Affymetrix Gene Array-Daten zeigten eine deutliche Zunahme Fibroblasten-spezifischer Transkripte, die primär an der Synthese der extrazellulären Matrix (ECM) beteiligt sind (Abb. 43 A). Auffallend war in diesem Zusammenhang die starke Expressionszunahme von Kollagen I (Isoformen: Col1-α1 und -α2), eines der Hauptstrukturproteine der ECM im Herzen. Durch qPCR-Analysen konnten diese Befunde verifiziert werden (Abb. 43 B). Des Weiteren konnte ebenfalls per qPCR gezeigt werden, dass Kollagen I ausschließlich von den Nicht-Myozyten Population exprimiert wurde (Abb. 43 C).

Ergebnisse

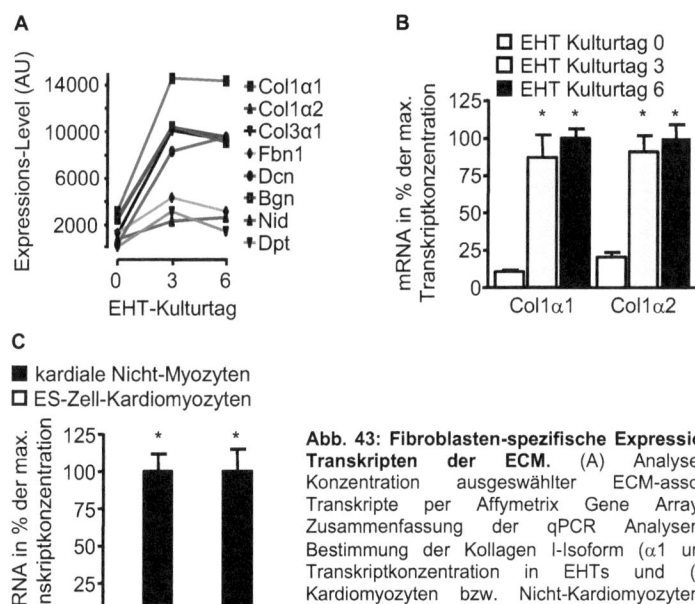

Abb. 43: Fibroblasten-spezifische Expression von Transkripten der ECM. (A) Analyse der Konzentration ausgewählter ECM-assoziierter Transkripte per Affymetrix Gene Array. (B) Zusammenfassung der qPCR Analysen zur Bestimmung der Kollagen I-Isoform (α1 und α2) Transkriptkonzentration in EHTs und (C) in Kardiomyozyten bzw. Nicht-Kardiomyozyten. Die Normalisierung erfolgte auf GAPDH. *p<0,05 vs. Kulturtag 0; n=3-4 pro Gruppe.

3.8.6 Generierung Myozyten-selektionierbarer PS-Zell-Linien

Die erworbenen Kenntnisse in Bezug auf die Rolle der Nicht-Myozyten für das kardiale Tissue Engineering sollen in weiterführenden Studien auf das PS-Zell-Modell übertragen werden. Als Vorarbeit für dieses Vorhaben erfolgte in Anlehnung zu dem oben beschriebenen ES-Zell-System die Herstellung Myozyten-selektionierbarer PS-Zell-Linien.

Nach Elektroporation des α-MHC-NeoR-Plasmids (25 µg) in die PS-Zell-Linie A3 konnten 205 Hygromycin-resistente PS-Zell-Kolonien isoliert werden. Eine Überprüfung der Transgenintegration mittels PCR ergab insgesamt 190 positive Klone. Eine detaillierte Überprüfung dieser Zellen in Bezug auf Differenzierungs- und Selektionsbedingungen (unter Verwendung von Bioreaktoren) bzw. die Etablierung optimaler EHT-Kulturbedingungen erfolgte nicht im Rahmen dieser Arbeit, sondern ist Thema zukünftiger Projekte.

4 Diskussion

Die Herzinsuffizienz zählt in den westlichen Industrienationen zu den häufigsten Todesursachen. Trotz eines stetig steigenden Bedarfs an transplantierbaren Herzen ist deren Verfügbarkeit limitiert. Ein potentielles, alternatives und von Organspenden unabhängiges Behandlungskonzept ist die Zell-/Gewebeersatztherapie. Dabei wird das Ziel verfolgt, defektes Myokard mit Zellen oder *in vitro* konstruiertem künstlichen Herzgewebe zu ergänzen bzw. zu ersetzen.

Bislang steht jedoch für eine Anwendung am Menschen keine geeignete Zellquelle zur Realisierung dieses Therapiekonzeptes zur Verfügung. Während das kardiale Transdifferenzierungspotential von adulten Stammzellen bestenfalls minimal ist, können aus embryonalen Stammzellen (ES-Zellen) verlässlich funktionelle Myozyten gewonnen werden. Der Anwendung von ES-Zellen stehen jedoch ethische wie auch praktische Bedenken (Allogenität, Tumorigenität) entgegen. Induziert pluripotente Stammzellen (iPS-Zellen) und spermatogoniale Stammzellen (SSCs) wurden kürzlich als autologe Zellquelle zur Gewinnung von ES-Zell-ähnlichen Zellen mit einem kardiogenen Differenzierungspotential identifiziert (Takahashi et al. 2006, Guan et al. 2006). Diese Zellen könnten sich autolog und dann vermutlich ohne gravierende immunologische Konsequenzen implantieren lassen. Zur Herstellung von iPS-Zellen und SSCs müssen keine Embryonen zerstört werden.

Stammzellen aus parthenogenetisch aktivierten Oozyten (PS-Zellen) könnten eine weitere autologe, nicht embryonen-verbrauchende Zellquelle darstellen. Während Parthenogenese bei Insekten, Amphibien- und Reptilienarten und sogar Fischen durchaus zum natürlichen Reproduktionsprozess zu zählen ist, führt dieses Ereignis bei Wirbeltieren unweigerlich zum Embryo-Abort (Surani et al. 1984).

Im Rahmen dieser Arbeit sollten PS-Zellen unter folgenden Gesichtspunkten untersucht werden:
1. Molekulare Ähnlichkeit zu konventionellen ES-Zellen.
2. MHC-Status in Bezug auf potentielle Therapie-Optionen.

Diskussion

3. Differenzierungskapazität *in vitro* und *in vivo*.
4. Fähigkeit Herzmuskelzellen zu bilden.
5. Funktionalität kardiomyogener Derivate *in vitro* und *in vivo*.
6. Fähigkeit funktionelles künstliches Herzgewebe zu bilden.

Hierzu wurden insgesamt 14 PS-Zell-Linien generiert. An vier dieser Linien erfolgte eine basale Charakterisierung, wobei zwei Linien (A3 und A6) aus transgenen Mäusen gewonnen wurden, die das Reportergen EGFP Myozyten-spezifisch exprimierten (α-MHC-EGFP). Diese Linien ermöglichten eine sorgfältige Analyse des kardiogenen Differenzierungspotentials sowie eine Aufreinigung und histologische Detektion der kardiomyogenen Derivate für funktionelle Untersuchungen.

Folgende Hauptergebnisse wurden erzielt, die anschließend diskutiert werden:
1. PS-Zell-Linien konnten aus parthenogenetisch aktivierten Eizellen gewonnen werden.
2. Undifferenzierte PS-Zellen zeigten morphologische und molekulare Ähnlichkeit zu konventionellen ES-Zellen.
3. Nach Differenzierung *in vitro* und *in vivo* konnten histologisch Zell-Derivate aller drei Keimblätter (Ekto-, Endo- und Mesoderm) nachgewiesen werden.
4. Es konnten sowohl MHC-Allel homologe wie auch heterologe PS-Zell-Linien generiert werden.
5. Im Kulturverlauf konnte eine partielle Normalisierung der transkriptionellen Aktivität von *Imprinting*-Genen beobachtet werden.
6. Frühe PS-Zell-Passagen zeigten ein eingeschränktes myokardiales Differenzierungspotential.
7. PS-Zellen differenzierten *in vitro* und *in vivo* zu funktionellen Myozyten-Subpopulationen.
8. Nach intramyokardialer Zelltransplantation integrierten PS-Zell-abgeleitete Myozyten funktionell in das Empfänger-Myokard.
9 Künstliche Herzgewebe, hergestellt aus Myozyten-angereicherten Kulturen, entwickelten synchrone Kontraktionen und Kraft.
10. Für die Herstellung von künstlichem Herzgewebe sind neben Herzmuskelzellen auch Nicht-Myozyten (vor allem Fibroblasten) essentiell.

4.1 Etablierung von parthenogenetischen Stammzell-Linien

Die parthenogenetische Aktivierung unbefruchteter Eizellen ist eine effektive Methode zur Gewinnung pluripotenter Stammzellen (Kim et al. 2007a). Eine parthenogenetische Aktivierung mittels Strontiumchloid ($SrCl_2$) ahmt die Spermium-vermittelte Fertilisation der Eizelle äußerst effektiv nach (Swann et al. 1994). Der Aktivierungsprozess der Eizelle führt in der Regel zu einem rapiden Anstieg der intrazellulären Ca^{2+}-Konzentration (Stricker et al. 1999). Dieser stimulatorische Effekt initiiert eine periodische Ca^{2+}-Oszillation in der aktivierten Eizelle (Lechleiter et al. 1998). Aufrechterhalten wird die intervallartige Veränderung der cytoplasmatischen Ca^{2+}-Konzentration vor allem durch eine Ca^{2+}-induzierte Ca^{2+}-Freisetzung (CICR) aus dem endoplasmatischen Retikulum. Dieser Prozess ist für den Wiedereintritt der Eizelle in den Zellzyklus nach Metaphase II-Arretierung essentiell. Dieses Ereignis ist mit der Ausschleusung des zweiten Polkörpers assoziiert (Kine et al. 1992). In diesem Zusammenhang scheinen vor allem die Aktivierung der Calcium-abhängigen Proteinkinase C (PKC) und der Calmodulin-abhängigen Proteinkinase II (CaMKII) für die Vollendung der Meiose von Bedeutung zu sein (Gallicano et al. 1997, Madgwick et al. 2005). Die Polkörperausschleusung wird während der parthenogenetischen Eizellaktivierung durch Cytochalasin B verhindert. Befunde weisen darauf hin, dass im Falle einer chemischen Aktivierung mit $SrCl_2$ im Vergleich zu einer Spermium- oder EtOH-vermittelten Aktivierung, deutlich stärker ausgeprägte Ca^{2+}-Oszillationen induziert werden, und die Eizelle folglich effektiver aktiviert wird (Swann et al. 1994).

Im Rahmen dieser Arbeit lag die Effizienz der parthenogenetischen Eizellaktivierung bei ca. 34% (93 Blastozysten aus 270 parthenogenetisch aktivierten Eizellen). Aus den resultierenden Blastozysten gelang es in 15% der Fälle PS-Zell-Linien zu etablieren (14 PS-Zell-Linien aus 93 Blastozysten). Daten anderer Gruppen auf diesem Gebiet zeigten Effizenzraten von bis zu 65% (77 PS-Zell-Linien aus 111 Blastozysten; Kim et al. 2007). Eine Vielzahl von Faktoren, wie u.a. Tierhaltungsbedingungen und der verwendete Mausstamm haben einen Einfluss auf die Parthenogenese-Induktion. In diesem Zusammenhang könnte möglicherweise auch der Unterschied der Effizenzrate zu Kim et al. (15% vs. 65%)

Diskussion

erklärt werden. In der Studie von Kim et al. wurden C57BL/6 x CBA F1-Hybride zur Gewinnung von PS-Zellen verwendet. Im Rahmen dieser Arbeit wurden PS-Zellen aus C57BL/6 x DBA F1-Hybriden gewonnen.

Auch im ES-Zell-Modell hängt die Effizienz der ES-Zell-Linien-Etablierung entscheidend vom verwendeten Mausstamm ab (Kawase et al. 1994). Daher scheint die Herstellung von ES-Zellen aus regulär befruchteten Eizellen unter optimalen Bedingungen allerdings im Vergleich zur PS-Zell-Gewinnung weniger effizient zu sein (ES- vs. PS-Zellen: 35% vs. 65%; Lauss et al. 2005). Die Effizienz der PS-Zell-Gewinnung aus humanen Eizellen wurde mit 14% angegeben und ist damit vergleichbar mit der Etablierung humaner ES-Zell-Linien aus bi-parentalen Blastozysten (Revazova et al. 2007). Daten zu humanen PS-Zellen beschränken sich jedoch auf wenige Publikationen (Mai et al. 2007, Lin et al. 2007, Revazova et al. 2007, Revazova et al. 2008, Brevini et al. 2009).

Pluripotente Zellen können auch aus adultem Hodengewebe gewonnen werden (Guan et al. 2006, Conrad et al. 2008). Die Effizienzrate bei der Gewinnung dieser so genannten spermatogonialen Stammzellen liegt bei 27% (4 Stammzell-Linien aus 15 Mäusen; Guan et al. 2006). Unter konventionellen Stammzell-Kulturbedingungen konvertieren diese Zellen zu maGSCs (multipotente adulte Keimbahnstammzellen) und machen sie für den Mann als autologe Zellquelle nicht nur in Bezug auf die kardiale Regeneration interessant.

Eine weitere interessante Stammzellspezies mit pluripotenten Fähigkeiten sind iPS-Zellen (induziert pluripotente Stammzellen; Takahashi et al. 2006). Unabhängig der verwendeten Methodik (lentiviraler Gentransfer oder Proteintransfer: piPS-Zellen) ist dieses Ereignis verhältnismäßig ineffizient. Unter Verwendung der vier „Yamanaka-Faktoren" (Oct3/4, Sox2, Klf4 und c-Myc) liegt die Effizienz unter 0,01% (Takahashi et al. 2006). Neuere Studien zeigen eine Effizienz-Steigerung der Reprogrammierung durch Regulation des p53-Signalweges (Kawamura et al. 2009, Marión et al. 2009, Utikal et al. 2009, Hong et al. 2009). Das Eingreifen in die regulatorische Homöostase eines potentiellen Tumorsuppressor-Gens scheint allerdings für klinische Anwendungen undenkbar zu sein. Weitere Zelltypen, wie neuronale Vorläuferzellen, die unter Verwendung von lediglich einem Faktor (Oct3/4) reprogrammiert werden können, sind für therapeutische Anwendungen nur durch erhebliche operative Eingriffe zu gewinnen (Kim et al. 2009). Eine Reprogrammierung von humanen juvenilen Keratinozyten resultierte in 1% der Fälle in iPS-Zell-Linien (Aasen et al. 2008). Über die Reprogrammierungs-Effizienz adulter Keratinozyten zeigten die Autoren allerdings keine Daten. Die Reprogrammierungs-Wahrscheinlichkeit scheint aber mit steigendem Alten zu sinken (Park et al. 2008). Ein weiterer Punkt, der hier nur kurz erwähnt werden soll, ist der erhebliche Zeitfaktor zwischen der Biopsie-Entnahme und der Etablierung von iPS-Zell-Linien. Dieser Prozess dauert über einen Monat, während PS-Zell-Linien innerhalb von 14 Tagen etabliert werden können.

4.2 Vergleich von parthenogenetischen- und embryonalen Stammzellen

ES-Zellen gelten als prototypische pluripotente Stammzellen. Pluripotenz wird unter anderem charakterisiert durch die Fähigkeit der Selbsterneuerung, assoziiert mit einer unbegrenzten Teilungsfähigkeit im undifferenzierten Zustand. Des Weiteren besitzen pluripotente Zellen die Differenzierungskapazität, alle somatischen Zelltypen eines adulten Organismus zu generieren. Die Stammzell-Identität wird durch ein transkriptionelles Netzwerk aus so genannten „stemness"-Faktoren reguliert (Palmqvist et al. 2005, Niwa 2007). Zur Charakterisierung der Stammzell-Identität von PS-Zellen wurden Transkriptom-Analysen durchgeführt und das Expressionsprofil von 28 „stemness"-Faktoren vergleichend ausgewertet. Dabei zeigte sich eine übereinstimmende Expression von 23 Stammzell-spezifischen Transkripten. Das Expessionsniveau der wichtigsten intrinsischen Pluripotenzfaktoren (Oct3/4, Nanog und Sox2) wurde durch qPCR-Analysen bestätigt. Oct3/4, Nanog und Sox2 bilden ein Transkriptionsfaktoren-Netzwerk zur Selbsterneuerung in humanen (Boyer et al. 2005) und murinen (Loh et al. 2006) ES-Zellen. Die drei Faktoren sind untereinander so verschaltet, dass jeder Faktor sich selbst und die anderen reguliert. Oct3/4, Nanog und Sox2 ko-okkupieren darüber hinaus auch die Promotoren vieler anderer Transkriptionsfaktoren, von denen viele entwicklungsrelevante Homeoproteine sind (Niwa 2007, Zhou et al.

Diskussion

2007). Ein Verlust bzw. eine Herunterregulation eines dieser Marker ist mit Differenzierungsprozessen und damit Verlust der Pluripotenz assoziiert.

Im Gegensatz zu den 23 gleich exprimierten Pluripotenz-Faktoren, zeigten fünf ein abweichendes Expressionsprofil (Rex1, Gbx2, c-Myc, Foxd3 und Fthl17). Die niedrigere Transkriptmenge dieser Faktoren kann u.a. auf den genetischen Hintergrund der verwendeten Mausstämme zurückgeführt werden. Die Etablierung der ES-Zell-Linie R1 erfolgte aus dem Mausstamm 129/SvJ (Nagy et al. 1993). Sämtlich PS-Zell-Linien hingegen aus B6D2F1 (C57BL/6 x DBA/2; F1-Generation) Mäusen. Eine Vergleichsstudie zwischen 129/SvJ- und C57BL/6- abgeleiteten ES-Zell-Linien zeigte einen deutlichen Unterschied im Expressionsprofil einiger Pluripotenz-Marker in Abhängigkeit des genetischen Hintergrundes (Sharova et al. 2007). Interessanterweise und in Einklang mit den hier diskutierten Transkriptom-Daten konnte in C57BL/6- abgeleiteten ES-Zellen eine bis zu 10-fach reduzierte Rex-1 Expression festgestellt werden. Neben Rex-1 zeigte auch Gbx2 ein deutlich reduziertes Expressionsniveau, wohingegen Oct3/4, Nanog und Sox2 Mausstamm-unabhängig in vergleichbaren Mengen exprimiert wurden (Sharova et al. 2007). In Bezug auf die Expression der Marker c-Myc, Foxd3 und Fthl17 machten die Autoren leider keine Aussagen.

Obwohl murine Stammzellen aus parthenogenetisch aktivierten Blastozysten bereits seit 1983 etabliert und untersucht wurden, existieren kontroverse Meinungen bezüglich ihrer pluripotenten Fähigkeiten (Kaufman et al. 1983). So zeigten vor allem ältere Arbeiten eine eingeschränkte Entwicklungsfähigkeit von PS-Zellen sowohl *in vitro* als auch im chimären Maus-Modell (Fundele et al. 1990, Allen et al. 1994, Szabo et al. 1994, Newman-Smith et al. 1995). Betroffen hiervon war unter anderem ein Defekt in der Muskel-Differenzierung (Fundele et al. 1990, Allen et al. 1994). Gerade in früheren Studien fand eine Eizell-Aktivierung vor allem mit Ethanol (6-7%) statt. Neben der Verwendung von Ethanol gehört auch das Anlegen von elektrischen Impulsen zu den klassischen Methoden der Eizellaktivierung (Onodera et al. 1989). Im Gegensatz zu $SrCl_2$ wird allerdings nur ein singulärer cytoplasmatischer Ca^{2+}-Impuls initiiert (Toth et al. 2006). Möglicherweise werden pharmakologisch behandelte Eizellen (u.a. durch $SrCl_2$) effektiver aktiviert und die gewonnen PS-Zellen besitzen somit ein gesteigertes Differenzierungspotential.

Diskussion

Im Kontrast zu diesen zitierten Studien, konnte im Rahmen dieser Arbeit *in vitro* und auch *in vivo* (Teratombildung und Generierung chimärer Mäuse) die Pluripotenz von PS-Zellen nachgewiesen werden. Nach PS-Zell-Injektion in immundefiziente SCID-Mäuse wurde neben Knochen, Knorpelgewebe und verschiedenen Epithelarten auch quergestreifte Muskulatur gefunden. Des Weiteren konnte nach echographischer Untersuchung kein Größen-Unterschied zwischen PS- und ES-Zell-Teratomen festgestellt werden. Dieser Befund in Assoziation mit der vergleichbaren Wachstumskinetik spricht zusätzlich gegen das beschriebene Wachstumsdefizit von PS-Zellen (Fundele et al. 1990).

4.3 MHC-Haplotyp in parthenogenetischen Stammzellen

Kim et al. (2007a) konnten einen überwiegend heterozygoten Genom-Status in Metaphase II aktivierten Parthenoten feststellen. Die Autoren untersuchten 17 PS-Zell-Linien mittels genomweiter SNP-Analyse (*single nucleotide polymorphism*; insgesamt 768 Marker) und wiesen in 63% der Loci Heterozygotie nach. In Übereinstimmung mit diesen Befunden zeigten PCR-basierte Haplotyp-Analysen (Chromosome 5 und 17) eine zunehmende Heterozygotie vor allem in Zentromer-fernen chromosomalen Regionen. Zentromer-nahe Marker waren hingegen überwiegend homozygot (D5Mit193 und -294; D17Mit113) und konnten einem der parentalen Mausstämme (C57BL6 oder DBA/2) zugeordnet werden. Ursächlich für diesen PS-Zell-typischen Befund sind chromosomale Rekombinationen (*crossing-over*) während der meiotischen Reduktionsteilungen.

Auch im murinen MHC-Locus der untersuchten PS-Zell-Linien (A3, A6, B2 und B3; H2-Locus, Chromosom 17) konnten meiotische Rekombinationen nachgewiesen werden. Mikrosatelliten-Marker (H2Q4, D17Mit24) belegten in dieser Region zum einen Homozygotie in den PS-Zell-Linien A3, B2 und B3 und zum anderen den heterozygoten MHC-Genotyp der Eizell-Spenderin in der Linie A6. Sowohl der homozygote als auch der heterozygote MHC-Genotyp sind gerade für regenerative Anwendungen von PS-Zellen von besonderer Bedeutung. PS-Zellen zeigen im Falle von MHC-Heterozygotie eine vollständige Histokompatibilität mit der Eizell-Spenderin. In diesem Fall sind immunologische Abstoßungsreaktionen nach autologer Zelltransplantation nicht zu erwarten oder stark vermindert (Opelz et al. 1999). Als *proof-of-concept* implantierten Kim et al. (2007a) histokompatible PS-Zell-Derivate (heterologer MHC-Haplotyp: C57BL/6 x CBA) in immunkompetente Mäuse (C57BL/6 x CBA; F1 Generation). Als Zeichen der Zellakzeptanz konnten die Autoren die Ausbildung von Teratomen beobachten. Wurden die PS-Zell-Derivate allerdings in Mäuse der Stämme C57BL/6 oder CBA injiziert, konnte keine Teratom-Bildung induziert werden. Die Autoren schlossen hieraus, dass die Transplantate vom Immunsystem des Empfängers als fremd erkannt und beseitigt wurden (Kim et al. 2007a).

Alternativ wird das Anlegen von Stammzell-Banken diskutiert (Taylor et al. 2005). Dabei wird in Anlehnung an Blutbanken angestrebt, histokompatible Stammzellen oder deren Derivate schnellstmöglich Patienten zur Verfügung stellen zu können. Immunologische Studien haben gezeigt, dass bei Kompatibilität der HLA-Moleküle HLA-A und –B (Klasse I) und HLA-DR (HLA-Molekül der Klasse II) mit einer reduzierten akuten Abstoßungsreaktion und einem verbesserten Überleben des Transplantats zu rechnen ist (Taylor et al. 1993, Morris et al. 1999). Eine homozygote Expression der häufigsten HLA-A, –B und -DR Gen-Varianten reduziert die Variabilität im MHC-Locus (3 vs. 6 unterschiedliche Allele). Taylor et al. (2005) berechneten, dass lediglich 10 Stammzell-Linien nach den eben genannten Kriterien ausreichten, um eine komplette HLA-A, –B und -DR Kompatibilität mit 38% eines englischen Patienten-Pools zu erzielen. Revazova et al. (2008) generierten homozygote humane PS-Zellen mit dem häufigsten HLA-Haplotyp der kaukasischen Bevölkerung Amerikas. Die Autoren spekulierten eine Histokompatibilität zu 5% dieser Bevölkerungsgruppe.

4.4 Methylierung und Transkription von *Imprinting*-Genen

Genomisches *Imprinting* ist ein wichtiger epigenetischer Mechanismus, der eine überwiegend parental-spezifische Gen-Expression gewährleistet. Der überwiegende Teil der bis heute identifizierten *Imprinting*-Gene (ca. 130; Quelle: www.mousebook.org) ist in großen Genclustern organisiert, in denen *Imprinting* Zentren (IC) die Allel-spezifische Expression regulieren (Übersicht Reik et al.

Diskussion

2001). Methylierung findet hier vor allem in Cytosin-reichen (*CpG Islands*) DNA-Sequenzen statt, die als differenziell methylierte Regionen (DMRs) eines *Imprints* zusammengefasst werden.

Bi-maternal-spezifische Methylierungsmuster konnten in der PS-Zell-Linie A3 für die *Imprints* Igf2R und Peg1 gezeigt werden (97-100% DMR-Methylierung). Ebenfalls im Einklang mit dem parthenogenetischen Ursprung der Zellen zeigte sich eine Hypomethylierung (0-4%) der paternal methylierten intergenetischen Regulationsstellen (IG-DMR) für die *Imprinting*-Gene Dlk1-Gtl2. Ein abweichendes Methylierungsmuster konnte hingegen für die *Imprinting*-Gene H19 und Igf2 festgestellt werden. Anstatt einer Hypomethylierung zeigte sich in der paternal methylierten H19-DMR (CTCF1; *CCCTC-binding factor-1*) früher Kultur-Passagen (P5) ein hoher Methylierungsgrad (74%), der auch in späten Passagen (P25) Bestand hatte (59%). Auch im Falle von Igf2 (DMR2; paternal methylierte DMR) fand keine DMR-Hypomethylierung statt, sondern 61% der Cytosine in frühen Passagen und 33% in späten Passagen waren in dieser Region methyliert.

Eine Vielzahl von Studien demonstrierten die Instabilität von Methylierungs- und Expressionsmustern von *Imprinting*-Genen in kultivierten Maus-Embryonen und murinen ES-Zellen (Sasaki et al. 1995, Dean et al. 1998, Doherty et al. 2000, Humpherys et al. 2001, Mann et al. 2004). Interessanterweise scheinen die H19-Igf2 *Imprinting* Regionen hiervon besonders betroffen zu sein, wohingegen weitere *Imprinting*-Gene wie Peg3, Kcnq1 und Snurf/Snrpn größtenteils epigenetische Stabilität zeigten (Umlauf et al. 2004, Mitalipov et al. 2006).

Ursachen für diese Diskrepanz sind bisher ungeklärt, jedoch könnte die Robustheit der epigenetischen Signatur zum Zeitpunkt der PS- und ES-Zell-Isolierung möglicherweise mit der Stabilität der *Imprinting*-Gene im Zusammenhang stehen. Es konnte gezeigt werden, dass die epigenetische Regulation von Snrpn bereits im 8-Zell-Stadium der Entwicklung etabliert ist, so dass diese *Imprinting*-Domäne in ES-Zellen bereits epigenetisch robust erscheint (Huntriss et al. 1998). Auch eine maternal-spezifische Igf2R-Methylierung ist bereits in der reifen Oozyte abgeschlossen (Stöger et al. 1993). Im direkten Kontrast findet die finale epigenetische Regulation von H19-Igf2 erst in späteren

Diskussion

Phasen der Embryogenese (Peri-Implantationsphase) statt (Ohlsson et al. 1989, Brandeis et al. 1993, Szabo et al. 1995). Zum Zeitpunkt der PS-Zell-Gewinnung könnte die epigenetische Regulation dieser Domäne also noch nicht vollständig etabliert sein und somit eine erhöhte Anfälligkeit gegenüber kulturbedingten Veränderungen zeigen. In diesem Zusammenhang konnten Khosla et al. (2001) zeigen, dass serumhaltiges Medium zu einem Anstieg der H19-DMR-Methylierung in künstlich befruchteten Maus-Embryonen führte. Lediglich 1/3 der resultierenden Embryonen entwickelten sich nach Uterus-Transfer zu lebensfähigen Föten. Neben H19 waren noch weitere *Imprinting*-Gene betroffen und möglicherweise für die abnormal-verlaufende Embryogenese in dieser Studie verantwortlich.

Einen Effekt auf die Methylierung von *Imprints* konnte auch nach Hormon-induzierter Superovulation gezeigt werden (Sato et al. 2007). Die Autoren wiesen in Metaphase-II-Oozyten bereits einen basalen H19-DMR-Methylierungsgrad von 37% nach. Peg1 hingegen blieb mit 94% hypermethyliert.

Zeitgleich zur vorliegenden Arbeit wurden neuere Studien über die Rolle von *Imprinting*-Genen in PS-Zellen publiziert (Horii et al. 2008, Liu et al. 2008, Li et al. 2009). Horii et al. (2008) wiesen einen partialen Verlust von *Imprinting*-Signaturen sowohl in parthenogenetischen Blastozysten als auch in PS-Zell-Linien nach. Betroffen von dieser Demethylierung waren vor allem maternal methylierte *Imprints* (Peg1, Snrpn, Igf2R). Li et al. (2009) stellten ebenfalls eine epigenetische Reprogrammierung während der Isolation und *in vitro* Kultur von PS-Zellen fest. Interessanterweise zeigten die Autoren als Konsequenz globaler Demethylierung eine Reaktivierung von paternal exprimierten *Imprints* (Li et al. 2009). Des Weiteren zeigten sowohl paternale (Snrpn, Peg1, U2af1-rs1, Igf2 und Dlk1) als auch maternale (H19, Gtl2, Igf2R) *Imprints* in PS-Zellen (P 10) ein ES-Zell-ähnliches Expressionsniveau. Die Autoren konnten in diesem Zusammenhang eine graduell verlaufende Demethylierung mit zunehmender Kultur-Passage feststellen. Dieses Ereignis war überraschenderweise mit einem Anstieg der pluripotenten Fähigkeit assoziiert. PS-Zellen später Passage (P24) zeigten demnach eine gesteigerte Beteiligung an der Entwicklung von chimären Mäuse (Li et al. 2009).

Diskussion

Im Kontrast zu den eben zitierten Publikationen konnten im Rahmen dieser Arbeit keine Veränderung der DMR-Methylierung in den *Imprinting*-Genen Peg1, Igf2R und Dlk1-Gtl2 festgestellt werden. Im Falle von H19 und Igf2 zeigte sich trotz unerwartetem Methylierungsgrad in Passage 5 eine Demethylierung mit fortlaufender Kultur (P5 vs. P25: H19 = 74% vs. 59%; Igf2 = 61% vs. 31%). Möglicherweise wirkt sich eine kulturbedingte Demethylierung vor allem auf *Imprinting*-Gene aus, die zum Zeitpunkt der PS-Zell-Gewinnung instabile epigenetische Regulations-Mechanismen aufwiesen.

Als Konsequenz kulturbedingter Veränderungen des Epigenoms demonstrierten Chen et al. (2009) die Geburt der ersten parthenogenetischen Maus. Die Autoren waren in der Lage nach 420 tetraploid-komplementierten Embryonen eine lebensfähige Maus zu erzeugen. Diese starb aber kurz nach der Geburt. Zurzeit liegen leider keine genauen anatomischen Untersuchungen vor, um auf mögliche Ursachen der spontanen Lethalität zu schließen. Bei der Technik der tetraploiden Komplementierung werden PS-Zellen mit einer tetraploiden Blastozyste aggregiert und anschließend in den Uterus scheinschwangerer Mäuse transplantiert. Während die Zellen der tetraploiden Blastozyste das extraembryonale Gewebe bilden, entwickelt sich der gesamte Embryo ausschließlich aus den PS-Zellen (Nagy et al. 1993).

Bereits 2004 generierten Kono et al. (2004) in einem aufwendigen Verfahren lebensfähige bi-maternale Mäuse. Es handelte sich hierbei allerdings nicht um Parthenoten, da Embryonen mittels Zellkerntransfer erzeugt wurden. Zum anderen wurden genetisch modifizierte Eizellen verwendet, die H19 und Dlk1 im korrekten Verhältnis exprimierten (Kono et al. 2004, Kawahara et al. 2007). In Kooperation mit der Arbeitsgruppe von Prof. Hans Schöler (Max Planck Institut für molekulare Medizin, Münster) wurden parallel zu dieser Arbeit 100 tetraploid-komplementierte Embryonen generiert, allerdings wurde in der Folge keine parthenogenetische Maus geboren.

4.5 Kardiomyogenese parthenogenetischer Stammzellen

Zahlreiche Studien haben eindeutig die Entwicklungsunfähigkeit von Säugetier-Parthenoten aufgrund einer unbalancierten Expression von *Imprinting*-Genen nachgewiesen (Surani et al. 1984, Walsh et al. 1994, Kono et al. 1996). Parthenoten sterben in frühen Stadien der Gastrulation (ca. Tag 10 der Gestation) aufgrund massiver Defekte in der Extraembryonalentwicklung (Surani et al. 1984, Kono et al. 1996, Do et al. 2009). Neben einer unterentwickelten Plazenta, zeigten die Aborte massive mesodermal-kardiale Entwicklungsstörungen (Sturm et al. 1994, Spindle et al. 1996). In der Literatur gab es zu Beginn dieser Arbeit keine detaillierten Untersuchungen zum kardialen Differenzierungspotential von PS-Zellen. Aufgrund des mesodermal-kardialen Entwicklungsdefektes von parthenogenetischen Embryonen stellte sich zunächst die Frage, ob PS-Zellen *in vitro* entsprechende Differenzierungsdefekte aufweisen.

Tatsächlich zeigten frühe Passagen (Linie A3; P5 und P10) eine eingeschränkte Kardiomyogenese. Sowohl auf transkriptioneller Ebene (α-MHC, kardiales Troponin T) als auch nach Quantifizierung der Myozyten-spezifischen EGFP-Expression (FACS) konnte ein kardiomyogener Defekt nachgewiesen werden, der sich in späten Passagen (P25 und P45) allerdings normalisierte. Li et al. (2009) berichteten, dass es in Kultur zu einer Normalisierung der Transkription von *Imprinting*-Genen kommen kann. In Analogie zu diesen Befunden konnte eine Normalisierung der Transkription exemplarisch von H19 und Dlk1 beobachtet werden. Zugleich waren andere Imprints stabil auf uni-parentalem Niveau. Neben der partialen Normalisierung der Transkription von *Imprinting* Genen könnte eine karyotypische Instabilität früher PS-Zell-Passagen den kardiomyogenen Differenzierungsdefekt erklären. Die im Rahmen dieser Arbeit durchgeführten Karyotypisierungen zeigten einen diploiden Chromosomensatz. Bekannt ist allerdings, dass es in Kultur zu karyotypischen Veränderungen kommen kann (Baker et al. 2007, Rebuzzini et al. 2008). Des Weiteren könnte ein intrachromosomaler Austausch von Gensegmenten nur schwer mittels der hier verwendeten Methode (Giemsa-Färbung) nachweisbar sein, so dass detaillierte chromosomale Analysen erforderlich sind, um die genomische Integrität zu untersuchen.

Diskussion

Im Gegensatz zu den frühen PS-Zell-Passagen (P5 und P10) der Linie A3 konnte nach *in vitro* Differenzierung der Passagen 25 und 45 in EB-Kulturen keine mesodermal-kardialen Entwicklungsdefekte nachgewiesen werden. Vielmehr zeigte der Entwicklungsverlauf der mesodermalen Differenzierung und anschließender kardialen Spezifizierung charakteristische Expressionskinetiken, die auch für die murine Herzentwicklung typisch sind. Frühe mesodermale Marker wie Brachyury, Flk-1 und Isl1 zeigten ihr maximales Expressionsniveau in frühen Phasen der EB-Kultur (Tag 7+3). Während der embryonalen Herzentwicklung *in vivo* markiert die Promotoraktivität des Transkriptionsfaktors Brachyury die frühesten mesodermalen Entwicklungsprozesse (Kispert et al. 1994). Brachyury wird hierbei im Primitivstreifen während der Gastrulation (Embryonaler Tag 7; E7,0) exprimiert. Nur kurze Zeit später (E7,5) wird in den präkardialen Mesodermzellen Flk-1 hochreguliert (Kattman et al. 2006). Diese Zellen verlassen den Primitivstreifen und bilden in der anterior Region des Embryos eine sichelförmige Struktur (*cardiac cresent*, E7,75), die die Vorläuferzellen des ersten und zweiten Herzfeldes beinhaltet (DeRuiter et al. 1992). Das erste Herzfeld entwickelt sich zum linken Ventrikel und Teilen der Atria. Kardiale Vorläufer des ersten Herzfeldes sind durch die initiale Expression des Transkriptionsfaktors Nkx2.5 charakterisiert (Kasahara et al. 1998). Eine weitere Population an kardialen Vorläuferzellen, die durch die Expression des Transkriptionsfaktors Isl-1 charakterisiert ist, bildet das zweite Herzfeld (Cai et al. 2003). Dieses ist an der Entwicklung des rechten Ventrikels, dem Ausflusstrakt und Teilen der Atria beteiligt. Weiterhin parallel zur murinen Kardiomyogenese wurden im späteren *in vitro* PS-Zell-Differenzierungsverlauf (Tag 7+15) Brachyury, Flk-1, Isl-1 und Nkx2.5 wieder runterreguliert, wohingegen die Expression des kardialen Strukturproteins α-MHC weiter anstieg. Die Expressionszunahme war mit einem Anstieg rhythmisch kontrahierender EBs assoziiert.

Im Rahmen dieser Arbeit zeigte sich eine spontane kardiomyogene Differenzierung in 1,6% der PS-Zell-Kulturen (FACS an Tag 7+15) und somit in einer vergleichbaren Größenordnung wie bei ES-Zellen (0,5-4%; Doetschman et al. 1985, Klug et al. 1996, Kolossov et al. 2005). Generell ist die Differenzierung von embryonalen Stammzellen in EB-Kulturen von einer Vielzahl von Parametern abhängig, wie (i) die initiale EB-Zellzahl, (ii) Zeitpunkt der EB-Ausplattierung, (iii) dem verwendeten Differenzierungsmedium, (iv) Mediumzusatz (hier vor allem unterschiedliche Konzentration von Wachstumsfaktoren im FCS) und (v) der verwendeten Zell-Linie (Übersicht in Wobus et al. 2002). Die eben beschriebenen Paramenter haben natürlich auch einen erheblichen Einfluss auf den resultierenden Myozyten-Anteil.

Die Myozyten-Ausbeute in EB-Kulturen nach spontaner PS-Zell-Differenzierung war mit 1,6% nicht ausreichend, um kontraktiles künstliches Herzgewebe zu generieren. Allerdings konnte im Rahmen dieser Arbeit das Konzept der Zytokin-induzierten (BMP4, Activin A und bFGF) Differenzierung erstmalig erfolgreich auf PS-Zellen übertragen werden, wodurch die Herstellung kraftentwickelnder EHTs erfolgreich ermöglicht wurde. Der Myozyten-Anteil konnte somit auf ca. 50% erhöht werden (Quantifizierung cTnT positiver Myozyten mittels FACS). Die Zytokin-Induktion wurde in Kooperation mit der Arbeitsgruppe um Prof. Gordon Keller (McEwen Zentrum für Regenerative Medizin, Toronto, Kanada) durchgeführt. Die Gruppe konnte bereits die kardiale Differenzierung von humanen ES-Zellen durch Aktivierung des BMP- und Nodal- (durch Activin A) Signalweges deutlich verbessern (Yang et al. 2008).

4.6 Reifegrad parthenogenetischer Myozyten

Charakteristische Unterschiede im Expressionsverhältnis zwischen der α- und β-MHC-Isoform während der Kardiomyogenese *in vivo* ermöglichten die Bestimmung des Myozyten-Reifungsgrades aus PS-Zellen. Während der embryonalen und fetalen Herzentwicklung dominiert im Ventrikel die β-MHC- im Vergleich zur α-MHC Isoform (Ng et al. 1991, Sanchez et al. 1991). Nach der Geburt erfolgt eine Zunahme der ventrikulären α-MHC Transkriptkonzentration, wohingegen β-MHC Transkripte deutlich weniger exprimiert werden. In der adulten Maus wird α-MHC sowohl im Ventrikel als auch im Atrium in hohen Leveln exprimiert (Mahdavi et al. 1987, De Groot et al. 1989, Lompre et al. 1984).

Diskussion

PS-Zell-abgeleitete Myozyten zeigten nach der oben beschriebenen Klassifizierung einen fetal-ähnlichen Reifungsgrad (Abb. 26 D). Sowohl Kardiomyozyten aus fetalen Herzen als auch aus PS-Zellen exprimierten 2-fach mehr β- als α-MHC. Kardiomyozyten aus ES-Zellen hingegen, zeigten im Vergleich zur β-Isoform eine 3-fach höhere α-MHC Expression. Allerdings lag dieses Verhältnis deutlich unter dem von neonatalen (20-fach mehr α-MHC als β-MHC) und adulten (80-fach mehr α-MHC) Myozyten. Diese Befunde weisen darauf hin, dass Myozyten aus PS- und ES-Zellen einen eher fetalen als neonatalen Reifungsgrad besitzen.

Der unreife Zustand vereinzelter PS-Zell-abgeleiteter Myozyten war auch immunhistologisch anhand der unregelmäßigen Verteilung der quergestreiften Muskelfilamente (Myosin, cTnI, α-Aktinin und Aktin) nachweisbar. Eine gut organisierte und parallele Anordnung der Sarkomere, ein charakteristisches Merkmal adulter Kardiomyozyten, konnte *in vitro* in EB-Kulturen nicht beobachtet werden. An dieser Stelle ist es allerdings wichtig zu betonen, dass auch ES-Zell-abgeleitete Myozyten vergleichbare morphologische Eigenschaften in der Kulturschale aufweisen (Wobus et al. 1995, Hescheler et al. 1997). Möglicherweise verhindert das Fehlen wichtiger kardiogener Stimuli (Wachstumsfaktoren, Zell-zu-Zell-Interaktion, Dehnung, etc.) weitere Reifungsprozesse. In diesem Zusammenhang zeigten PS-Zell-abgeleitete Myozyten im EHT-Modell deutliche Anzeichen eines höheren Grades an Maturierung (anisotrope Struktur der Myofilamente).

4.7 Funktionalität parthenogenetischer Myozyten *in vitro*

In EB-Kulturen konnten nach *in vitro* Differenzierung von PS-Zellen rhythmisch kontrahierende Areale beobachtet werden. Die Myozyten-spezifische EGFP-Expression nach Differenzierung der transgenen PS-Zell-Linien (A3 und A6) erlaubte die Aufreinigung (FACS) und somit histologische und funktionelle Untersuchung der kardialen PS-Zell-Derivate. Immunfluoreszenz-Färbungen aufgereinigter PS-Zell-Derivate zeigten die Expression Myozyten-spezifischer

Strukturproteine wie Myosin, kardiales Troponin I und α-Aktinin in einer charakteristischen quergestreiften Anordnung. Eine detaillierte funktionelle Untersuchung erfolgte elektrophyiologisch. Parameter der gemessenen Aktionspotentiale erlaubten die Klassifizierung in Myozyten-Subtypen, die auch nach ES-Zell-Differenzierung identifiziert werden konnten (wie Ventrikulär-, Atrial-, Purkinje- und Schrittmacher- ähnliche Myozyten; Maltsev et al. 1993). Der überwiegende Anteil (48%) der untersuchten PS-Zell-Myozyten zeigte für ventrikuläre Myozyten typische Charakteristika (lange AP-Amplitude, ausgeprägte Plateauphase). Wobus et al. (1997) untersuchten elektrophysiologisch die ES-Zell-Linie D3 und konnten nach EB-Differenzierung (mit einem vergleichbaren Protokoll) primär Atrial-ähnliche Myozyten (31%) identifizieren. Mit Hilfe von Retinsäure waren die Autoren in der Lage die Ausbeute an Ventrikel-ähnlichen Myozyten um 10% zu erhöhen (von 16% auf insgesamt 26%; Wobus et al. 1997). Generell ist zurzeit aber nicht bekannt, welche Faktoren oder Mechanismen die Myozyten-Subtyp-Spezifizierung steuern.

Im adulten Herzen sind Schrittmacher-, atrial- und ventrikuläre Myozyten hoch spezialisierte Zelltypen, die spezifische physiologische Funktionen ausüben. Diese funktionellen Kriterien scheinen in embryonalen Myozyten allerdings weniger ausgeprägt (Maltsev et al. 1994). Im Gegensatz zu adulten Arbeitsmyokardzellen zeigen Kardiomyozyten aus embryonalen und neonatalen Mausherzen und auch aus ES-Zell-abgeleiteten Myozyten spontane Depolarisationen. Elektrophysiologisch scheint das weniger negative Ruhemembranpotential mit der Neigung spontane APε zu initiieren, assoziiert zu sein. Das Ruhemembranpotential von ES-, iPS- und auch PS-Zell-abgeleiteten Arbeitsmyokardzellen liegt je nach Reifegrad bei ungefähr -60 bis -70 mV und ist somit vergleichbar zu fetalen Herzzellen (Doevendans et al. 2000, Kuzmenkin et al. 2009). Hiermit assoziert ist natürlich auch die entwicklungsabhängige Expression spezifischer Ionenkanäle (Wobus et al. 1995). Im adulten Herzen besitzen Schrittmacherzellen des Sinusknoten ebenfalls kein stabiles Ruhemembran-Potential (-60 mV), so dass sie spontan depolarisieren und selbstständig APs generieren. Im Vergleich hierzu liegt das Ruhemembranpotential in adulten Arbeitsmuskelzellen stabil bei -90 mV. Neuere Untersuchungen zeigten eine mögliche Beteiligung von intrazellulären Ca^{2+}-

Diskussion

Oszillationen an den spontanen Kontraktionen. Diese konnten sowohl in embryonalen Herzzellen als auch ES-Zell-Myozyten gefunden werden und waren nicht auf Myozyten-Subtypen beschränkt (Viatchenko-Karpinski et al. 1999, Sasse et al. 2007).

Eine pharmakologische Intervention mit dem Natriumkanal-Blocker Tetrodotoxin resultierte in einem kompletten Verlust der spontanen AP-Aktivität in Ventrikelähnlichen Myozyten. Ein Hinweis darauf, dass dieser Kanal an der spontanen Kontraktilität dieser Zellen beteiligt ist. Schrittmacher-ähnliche PS-Zell-Myozyten zeigten hingegen keine Änderung der AP-Kinetik. In Schrittmacherzellen sind an der spontanen Depolarisation hautsächlich Ca^{2+}-Kanäle (T-Typ, aber auch L-Typ) beteiligt. Die Behandlung mit dem L-Typ-Ca^{2+}-Kanalblocker Nifedipin führte daher wie erwartet zu einem Verlust der spontanen APs und demonstrierte somit die funktionelle Spezifizierung in Schrittmacher-ähnliche PS-Zell-Myozyten.

Die Kopplung zwischen Anregung und Kontraktion wird in reifen Myozyten durch den Mechanismus der Ca^{2+}-induzierten Ca^{2+}-Freisetzung (CICR) gesteuert. Die durch den L-Typ-Ca^{2+}-Kanal einströmenden Ca^{2+}-Ionen verursachen durch Bindung an den Ryanodin-Rezeptor (RyR) eine intrazelluläre Ca^{2+}-Freisetzung aus dem sarkoplasmatischen Retikulum (SR). Das SR ist der intrazelluläre Ca^{2+}-Hauptspeicher, von dem ca. 70-90% des Ca^{2+} freigesetzt bzw. aufgenommen werden (Bers et al. 2002). Im Gegensatz zu adulten Myozyten ist die Beteiligung der SR-vermittelten CICR am Ca^{2+}-Haushalt in embryonalen und fetalen Myozyten weitestgehend ungeklärt. Mehrere Studien zeigten in diesem Zusammenhang in Myozyten fetaler Entwicklungsphasen ein funktionell und strukturell unterentwickeltes SR (Pegg et al. 1987, Nakanishi et al. 1988).

Hinweise auf eine mögliche Beteiligung des SRs an der Ca^{2+}-Homöostase in PS-Zellen wurden durch Zugabe von Koffein erhoben. Koffein bindet an den RyR und induziert die Öffnung des RyR-Kanals assoziiert mit einer raschen SR-Ca^{2+}-Entleerung (Rousseau et al. 1989). Des Weiteren deuten die gemessenen relativen intrazellulären Ca^{2+}-Konzentrationen mit hohem Ca^{2+}-Gehalt während der Systole und geringer intrazellulären Ca^{2+}-Konzentration während der Diastole auf einen regulierten Ca^{2+}-Haushalt in PS-Zell-abgeleiteten Myozyten hin.

4.8 Funktionalität parthenogenetischer Myozyten *in vivo*

Aufgrund der beschriebenen Herzentwicklungsdefekte in parthenogenetischen Embryonen erfolgte eine funktionelle Untersuchung von PS-Zell-Myozyten in chimären Mausherzen. In Übereinstimmung mit der elektrophysiologischen Klassifizierung nach *in vitro* Differenzierung konnten EGFP-positive Myozyten in verschiedenen Herzregionen (AV-Knoten, Atrium und Ventrikel) gefunden werden. Mittels 2-Photonen-Laser-Mikroskopie gelang es in chimären Herzen fetaler, neonataler und adulter Mäuse simultane Ca^{2+}-Transienten zwischen EGFP-positiven- (PS-Zell-Myozyten) und nativen EGFP-negativen Myozyten zu messen. Die Kinetik der Ca^{2+}-Ströme (Anstiegsintensität, Amplitude und Dauer des Ca^{2+}-Signals) in den PS-Zell-Myozyten zeigte hierbei keinerlei Unterschiede zu den nativen Kardiomyozyten. Zellfusionsereignisse (Ying et al. 2002, Terada et al. 2002) zwischen nativen und PS-Zell-Myozyten konnten in diesem Kontext ausgeschlossen werden. In chimären Herzen, in denen native Myozyten β-Galaktosidase (nLacZ) und PS-Zell-Myozyten EGFP exprimierten, konnten histologisch keine doppelt-positiven Zellen nachgewiesen werden. PS-Zell-Myozyten zeigten somit in allen Phasen der Entwicklung (fetal, neonatal und adult) keine offensichtlichen funktionellen Defekte, sondern waren physiologisch von nativen Myozyten nicht zu unterscheiden.

Die Fähigkeit kardialer Transplantate funktionell ins Empfänger-Myokard zu integrieren, ist eine zentrale Vorraussetzung für regenerative Zelltherapien. Mitte der 1990er-Jahre konnte gezeigt werden, dass fetale Herzmuskelzellen der Maus transplantierbar sind und in den Empfänger-Herzen nicht nur überleben, sondern sich auch strukturell integrieren (Soonpaa et al. 1994). Allerdings muss auch erwähnt werden, dass die Überlebensrate von Zellen nach intramyokardialer Injektion äußerst gering ist (Muller-Ehmsen et al. 2002). In 2003 wurde erstmals eine elektrische Kopplung zwischen transplantierten fetalen Kardiomyozyten (EGFP-markiert) und Empfänger-Myozyten nachgewiesen (Rubart et al. 2003). Die Fähigkeit zur Integration von ES-Zell-abgeleiteten Myozyten konnte bisher nicht gezeigt werden.

Diskussion

Um grundsätzlich zu untersuchen, ob *in vitro* differenzierte kardiale PS-Zell-Derivate die Fähigkeit besitzen, *in vivo* funktionell ins Myokard zu integrieren, erfolgte eine intramyokardiale Zell-Injektion. Auch in diesem Fall konnte in den zelltransplantierten Herzen mittels 2-Photonen-Laser-Mikroskopie eine elektrische Kopplung von PS-Zell-Myozyten ins Empfänger-Myokard nachgewiesen werden. Untermauert wurde dieser Befund histologisch durch die Expression von Cx43 zwischen benachbarten EGFP-positiven und EGFP-negativen Myozyten. Zusammenfassend lässt sich also sagen, dass transplantierte PS-Zell-Myozyten ein funktionelles Synzytium mit dem Empfänger-Myokard gebildet haben.

Eine Vielzahl von Studien demonstrierte, dass die Transplantation von Myozyten in infarzierte Kleintierherzen mit einer verbesserten kardialen Funktion assoziiert war (Leor et al. 1996, Muller-Ehmsen et al. 2002b, Kolossov et al. 2006). Allerdings zeigten die Autoren keinen direkten Beweis einer funktionellen Kopplung der Transplantate mit dem Empfänger-Myokard. Eine Funktionsverbesserung könnte möglicherweise auch durch indirekte Mechanismen, wie der Abschwächung der Infarkt-bedingten *Remodeling*-Prozesse oder einer verstärkten myokardialen Angiogenese entstanden sein (Dowell et al. 2003).

4.9 Künstliches Herzgewebe aus parthenogenetischen Stammzellen

Künstliche Herzgewebe werden als myokardiales *in vitro* Modell oder für den Gewebeersatz *in vivo* entwickelt (Zimmermann et al. 2002, Eschenhagen et al. 2002). Untersuchungen unserer Arbeitsgruppe haben gezeigt, dass EHTs aus Herzzellen embryonaler Hühnchen und neonataler Ratten Eigenschaften von nativem Myokard entwickeln (Eschenhagen et al. 1997, Zimmermann et al. 2002). Kürzlich ist es auch gelungen, ES-Zellen bzw. deren myokardial differenzierten Derivate zur Herstellung von EHTs einzusetzen (C. Rogge Dissertation 2007).

Im Rahmen dieser Arbeit ist es erstmalig gelungen, künstliches Herzgewebe aus myokardialen PS-Zell-Derivaten zu generieren. Die Funktionalität der PSC-EHTs konnte anhand von Kontraktionskraftmessungen im Organbad dokumentiert

Diskussion

werden. Unter Erhöhung der extrazellulären Ca^{2+}-Konzentration zeigte sich ein Anstieg der Kontraktionskraft um 220%. Des Weiteren konnten als Anzeichen terminaler Differenzierung und Maturierung morphologische Reifungsprozesse von PS-Zell-Myozyten (stabförmige Struktur mit einer deutlichen anisotropen Anordnung der Sarkomere) in EHTs festgestellt werden. Möglicherweise stellt das EHT-Milieu wichtige kardiogene Stimuli bereit (Wachstumsfaktoren, Zell-zu-Zell-Interaktion und Dehnung), die Reifungsprozesse in PS-Zell-abgeleiteten Myozyten ermöglichen. Bereits in EHTs aus neonatalen Ratten-Kardiomyozyten konnten Reifungsprozesse (u.a. elektronenmikroskopischer Nachweis von M-Banden in gut ausgebildeten Sarkomeren) beobachtet werden (Zimmermann et al. 2002). Des Weiteren konnte gezeigt werden, dass mechanische sowie elektrische Konditionierungen oder auch eine Stimulation mit Wachstumsfaktoren die Reifung von Herzmuskelzellen im Rattenmodell fördern (Zimmermann et al. 2000, Fink et al. 2000, Zimmermann et al. 2002, Radisic et al. 2004). Es kann daher angenommen werden, dass diese Parameter auch in PS-Zell-EHTs Differenzierungsprozesse unterstützen.

Im Verlauf der PS-Zell-EHT-Etablierung zeigte sich, dass ein ausgewogenes Verhältnis zwischen Myozyten und Nicht-Myozyten von entscheidender Bedeutung für die Funktionalität der EHTs ist. PS-Zell-EHTs, in denen die Proliferation der Nicht-Myozyten durch Wachstumsinhibition kontrolliert wurde, entwickelten im Vergleich zu nicht behandelten EHTs deutlich stärkere Kontraktionskräfte. In beiden Gruppen betrug der initiale Myozyten-Anteil in den Gewebekonstrukten ungefähr 50%. Lediglich der Anteil an Nicht-Myozyten unterschied sich je nach experimenteller Bedingung (mit oder ohne Zytostatika-Zusatz). Ein ausgewogenes Verhältnis zwischen Myozyten und Nicht-Myozyten schien somit von entscheidender Bedeutung zu sein.

4.10 Rolle der Nicht-Myozyten für das kardiale *Tissue Engineering*

Bei der PS-Zell-EHT-Etablierung wurde deutlich, dass neben Myozyten auch nicht Nicht-Myozyten von Bedeutung sind. So führte eine mengenmäßig zu große Anzahl an Nicht-Myozyten zu keinen bzw. verminderten Kontraktionskräften.

Diskussion

Da eine selektionierbare PS-Zell-Linie (analog zu den α-MHC-NeoR ES-Zellen; C. Rogge Dissertation 2007) noch nicht zur Verfügung stand, wurde die Rolle der Nicht-Myozyten für die EHT-Herstellung zunächst im ES-Zell-Modell untersucht. Unter Verwendung der Myozyten-selektionierbaren ES-Zell-Linie konnten somit EHTs mit einem definierten Verhältnis aus Myozyten zu Nicht-Myozyten hergestellt werden. Überraschenderweise bildeten aufgereinigte ES-Zell-Myozyten keine Gewebe. Der Zusatz von kardialen Nicht-Myozyten hingegen förderte die Entwicklung von kontraktilen EHTs.

Es wird angenommen, dass im Verlauf der Organogenese kardiale Fibroblasten aus verschiedenen embryonalen Vorläuferpopulationen entstehen. Im embryonalen Herz differenzieren Fibroblasten aus proepikardialen Vorläuferzellen und im fetalen Herzen aus mesodermalen Mesoangioblast-Zellen (Border et al. 1994, Cossu et al. 2003). Erst kürzlich konnte gezeigt werden, dass embryonale Fibroblasten durch sezernierte Wachstumsfaktoren die Proliferation von kardialen Vorläuferzellen regulieren (Ieda et al. 2009).

Des Weiteren sind Fibroblasten im Herzen an physiologischen und auch an pathophysiologischen Mechanismen maßgeblich beteiligt (Übersicht in Baudino et al. 2006). Einer der Hauptaufgaben ist die Synthese der extrazellulären Matrix (ECM). Die ECM fungiert nicht nur als strukturelles Gerüst, sondern stellt ein funktionelles Mikromillieu dar, in dem die Herzzellen in unmittelbarem Kontakt zueinander stehen und miteinander interagieren (Übersicht in MacKenna et al. 2000).

Fibroblasten waren möglicherweise auch in der initialen EHT-Kulturphase (Tag 0-3) am Aufbau der ECM beteiligt. Mittels Gen-*Array* zeigte sich im ES-Zell-EHT-Modell eine Hochregulation von Transkripten, die an der Synthese der ECM beteiligt sind. Im Falle von Kollagen I, dem Hauptbestandteil der ECM, konnte eine Expression ausschließlich in der Nicht-Myozyten Population gezeigt werden. In ES-Zell-Myozyten hingegen konnte keine Kollagen-Expression nachgewiesen werden. Die fehlende Synthese der ECM könnte somit möglicherweise die Unfähigkeit der ES-Zell-Myozyten erklären, funktionelles künstliches Herzgewebe zu bilden.

Diskussion

Ähnlich wie im PS-Zell-EHT-Modell war auch in ES-Zell-EHTs ein ausgewogenes Verhältnis zwischen Myozyten und Nicht-Myozyten von entscheidender Bedeutung für die Funktionalität. ES-Zell-EHTs, die mit einem initialen Zellverhältnis von 50% Myozyten unter Zusatz von 50% Nicht-Myozyten generiert wurden, zeigten nur lokal kontrahierende Regionen. Hier erfolgte zwar der Zusatz von G418 zur Proliferations-Kontrolle der Nicht-Myozyten, doch Fibroblasten schienen weniger empfindlich gegenüber der Antibiotikum-vermittelten Negativ-Selektion zu sein. Möglicherweise war die Konzentration des Antibiotikums (200 µg/ml) zu gering, um diese Zellpopulation effektiv zu eliminieren. Die Proliferation der Fibroblasten führte möglicherweise zu einer Überwuchung der Gewebe und somit zu dem Verlust der Kontraktionskraft. Eine Zellmischung aus 75% ES-Zell-abgeleiteten Myozyten und 25% Nicht-Myozyten hingegen zeigte ein optimales Zellverhältnis und führte zu funktionellen EHTs.

Welche Rolle die Fibroblasten in späteren Kulturphasen spielen, soll in weiterführenden Projekten untersucht werden. Möglichweise ist diese Zellpopulation an dem Aufbau einer kardiogenen „Nische" in den EHTs beteiligt und könnte so weitere physiologische Prozesse, wie die Reifung von ES- oder PS-Zell-Myozyten fördern.

4.11 Ausblick

Parthenogenetische Stammzellen können ohne genetische Modifikation und ohne die Notwendigkeit lebensfähige Embryonen zu zerstören mit hoher Effizienz aus Eizellen gewonnen werden. In der vorliegenden Arbeit wurde erstmals die organotypische Funktionalität von kardiomyogenen PS-Zell-Derivaten sowohl *in vitro* als auch *in vivo* nachgewiesen.

In zukünftigen Projekten sollen folgende Aspekte weiterführend untersucht werden:

1. Im Rahmen dieser Arbeit konnte erstmalig die Verwendung von vordifferenzierten PS-Zellen zur Herstellung von künstlichem Herzgewebe gezeigt

Diskussion

werden. Die generierten transgenen PS-Zellen (Elektroporation von α-MHC-NeoR in die PS-Zell-Linie A3: α-MHC-EGFP) werden zukünftig verwendet, um (i) Differenzierungsprozesse für eine „Kardiomyozyten-Großproduktion" mittels Bioreaktor-Technologie zu optimieren und (ii) um PS-Zell-EHTs weiter zu verbessern. Ob sich PS-Zell-EHTs schließlich als in vitro-Modell zur pharmakologischen Substanzentwicklung eignen und/oder eine therapeutische Anwendung finden, bleibt zu klären.

2. PS-Zell-EHTs könnten auch als Modell genutzt werden, um biologisch relevante Faktoren zu identifizieren, die unter anderem Reifungsprozesse in PS- und ES-Zell-Myozyten induzieren. In diesem Zusammenhang spielen Fibroblasten möglicherweise eine entscheidende Rolle. Die essentielle Bedeutung dieser Zellpopulation für das Stammzell-basierte kardiale Tissue Engineering konnte in dieser Arbeit erstmalig gezeigt werden. Signale über sezernierte Faktoren und/oder verrmittelt durch direkten Zellkontakt müssen in weiterführenden Projekten identifiziert und deren Relevanz untersucht werden.

3. Das in dieser Arbeit gezeigte mesodermale Expressionsprofil im Verlauf der PS-Zell Differenzierung (Brachyury, Flk-1, Isl-1 und Nkx2.5) könnte die Isolierung kardiovaskulärer Vorläuferzellen ermöglichen. Die Aufreinigung dieser multipotenten Zellen ist in Bezug auf das kardiale Tissue Engineering äußerst interessant, da sich aus diesen sowohl Kardiomyozyten als auch Endothel- und glatte Gefäßmuskelzellen entwickeln. Wie im Rahmen dieser Arbeit gezeigt werden konnte, sind neben Kardiomyozyten vor allem auch Nicht-Myozyten für die Ausbildung von künstlichem Herzgewebe essentiell.

4. Weiterführend müssen detaillierte Erkenntnisse in Bezug auf die pluripotenten Fähigkeiten von PS-Zellen gewonnen werden. Durch die Entwicklung der neuen transgenen Dreifach-Indikator-Zell-Linie (PGK-NIGIL) könnten zukünftig Differenzierungsprozesse im chimären Maus-Modell verfolgt werden.

5. Die gewonnen Erkenntnisse dieser Arbeit sollen des Weiteren in zukünftigen Projekten auf die Gewinnung von humanen PS-Zellen übertragen

werden. Unserer Gruppe liegt erfreulicherweise eine Genehmigung für dieses Vorhaben vor. Von einer kooperierenden IVF Klinik besteht des Weiteren die Zusage, humane Eizellen zur Isolierung von PS-Zell-Linien bereitzustellen.

5 Zusammenfassung

Parthenogenetische Stammzellen (PS-Zellen) können ohne Zerstörung potentiell lebensfähiger Embryonen und ohne genetische Modifikationen gewonnen werden. Diese sowohl ethischen als auch experimentellen Vorteile machen sie als Zellquelle für Anwendungen im Bereich der regenerativen Medizin interessant. Zusätzlich ist die reduzierte Genomvariabilität, vor allem in dem immunrelevanten MHC-Locus, attraktiv für therapeutische Optionen. Zu Beginn dieser Arbeit waren weder die Differenzierungskapazität noch die organtypische Funktionalität von PSZell- Derivaten gut beschrieben. Im Rahmen dieser Promotion wurden die Hypothesen überprüft, dass PS-Zellen vergleichbare Eigenschaften wie embryonale Stammzellen (ES-Zellen) aufweisen und prinzipiell als Herzmuskelzellquelle für Anwendungen wie das myokardiale Tissue Engineering und die myokardiale Rekonstitution in vivo infrage kommen.

Zur Überprüfung dieser Hypothesen wurden PS-Zell-Linien aus Wildtyp- und transgenen Mäusen (α-MHC-EGFP; Myozyten-spezifische Expression des Reportergens EGFP) etabliert. Eine basale Charakterisierung der generierten PSZell-Linien zeigte, dass diese sich morphologisch sowie molekularbiologisch kaum von konventionellen ES-Zellen unterscheiden. Chromosomale Haplotyp-Homozygotie sowie uni-parentale Methylierungs-Signaturen belegten den parthenogenetischen Ursprung der generierten PS-Zell-Linien. Zelltypen aller drei Keimblätter (Ekto-, Endo- und Mesoderm) konnten nach in vitro Differenzierung von PS-Zellen und in vivo in Teratomgewebe detektiert, und somit Hinweise auf ein pluripotentes Differenzierungspotential gewonnen werden. Durch Anwendung transgener PS-Zell-Linien wurde die Aufreinigung von EGFP-positiven Herzmuskelzellen möglich. Dabei zeigten diese Zellen Eigenschaften von funktionellen Myozyten-Subtypen (Ventrikulär-, Atrial-, Purkinje- und Schrittmacher-ähnliche Myozyten). In chimären Mäusen konnte die Fähigkeit von PS-Zellen zur Entwicklung differenzierter Herzmuskelzellen bestätigt werden. Die funktionelle Integration von PS-Zell-Derivaten in ein myokardiales funktionelles Synzytium in vivo konnte durch synchrone Detektion von Änderungen der intrazellulären Ca^{2+}-Konzentration in Abhängigkeit vom Kontraktionszyklus der

Zusammenfassung

Herzmuskelzellen sowohl in chimären Herzen als auch nach intramyokardialer Zelltransplantation nachgewiesen werden. Schließlich konnte die Fähigkeit zur Gewebebildung auch in einem in vitro Modell der Herzentwicklung, dem Engineered Heart Tissue (EHT), überprüft werden. Hierbei zeigte sich, dass myokardial-angereicherte PS-Zell-Derivate EHTs mit morphologischen und kontraktilen Eigenschaften von nativem Myokard bilden können. Um die Rolle von Nicht-Myozyten für die Entwicklung von EHTs zu untersuchen wurde ein alternatives ES-Zell-EHT-Modell etabliert. Hier zeigte sich, das Fibroblasten für die EHT-Entwicklung essentiell sind. Zusammenfassend zeigen diese Untersuchungen, dass PS-Zellen ähnliche biologische Eigenschaften wie ES-Zellen besitzen und dabei in der Lage sind, funktionelle Myozyten in vitro und in vivo zu generieren. Diese haben darüber hinaus die Fähigkeit, künstliche Herzgewebe in vitro zu bilden. Aufbauend auf diesen Befunden soll das therapeutische Potenzial in der regenerativen Medizin als auch die Anwendbarkeit für die pharmakologische Substanzentwicklung sowie entwicklungsbiologische Fragestellungen erprobt werden.

Summary

Parthenogenetic stem cells (PSCs) can be derived without destruction of viable embryos and without genomic modification. These ethical as well as experimental advantages make PSCs an interesting cell source for potential applications in regenerative medicine. Additionally, the reduced genomic variability mainly in the immunorelevant MHC-Locus seems to be an attractive therapeutic option. The aim of this study was to evaluate the hypothesis that murine PSCs exhibit similar developmental potency as murine embryonic stem cells (ESCs) and to investigate whether PSCs are capable of forming fully functional cardiomyocytes and multicellular heart tissue in vitro and in vivo.

To investigate this hypothesis murine PSCs from wildtype and transgenic mice (-MHC-EGFP; myocyte-specific expression of the reporter gene EGFP) were generated. PSCs showed a high similarity to ESCs with respect to their morphology, growth kinetics and expression of typical stemness markers. The parthenogenetic origin was demonstrated by genomic haplotype homozygosity and uni-parental methylation pattern of typical imprinting genes. Histological examination demonstrated the propensity of PSCs to develop into endo-, ectoand mesodermal cell types after in vitro as well as after in vivo differentiation (teratoma). Transgenic PSC-lines (A3 and A6:α-MHC-EGFP) were used to furthe study mesodermal induction and PSC-derived myocyte purification. The latter facilitated an electrophysiological identification of ventricle-, atrial-, Purkinje-, and pacemaker-like parthenogenetic myocytes. Hearts from chimeric mice demonstrated EGFP-positive PSC-derivatives in different myocardial regions including AV-node, atria and ventricles in accordance with the documented in vitro differentiation capacity. Measurement of synchronous Ca^{2+}-transients between PSC-derived and host myocytes in chimeric hearts as well as after intramyocardial cell transplantation provided direct proof of electrical integration in vivo. Cytokine induction increased PSC-derived myocyte yield enabling the generation of synchronous contracting EHTs which morphological and functional properties of native myocardium. Furthermore, in an alternative ESC-model, it could be shown that not only myocytes but also fibroblasts are essential for the generation of EHT.

Taken together, this study shows that PSCs exhibit similar biological properties as ESCs and can give rise to functional myocytes in vitro and in vivo. Moreover, EHT can be generated from PSCs. PSCs could, ultimately, present a new cell source for potential applications in regenerative medicine and could be exploited as a tool to study organ development.

6 Literaturverzeichnis

Aasen T, Raya A, Barrero MJ, Garreta E, Consiglio A, Gonzalez F, Vassena R, Bilic J, Pekarik V, Tiscornia G, Edel M, Boue S, Izpisua Belmonte JC. (2008). Efficient and rapid generation of induced pluripotent stem cells from human keratinocytes. *Nat Biotechnol.* 26:1276-84.

Abdel-Latif A, Bolli R, Tleyjeh IM, Montori VM, Perin EC, Hornung CA, Zuba-Surma EK, Al-Mallah M, Dawn B. (2007). Adult bone marrow-derived cells for cardiac repair: a systematic review and meta-analysis. *Arch Intern Med.* 167:989-97.

Allen ND, Barton SC, Hilton K, Norris ML, Surani MA. (1994). A functional analysis of imprinting in parthenogenetic embryonic stem cells. *Development.* 120:1473-82.

Aoi T, Yae K, Nakagawa M, Ichisaka T, Okita K, Takahashi K, Chiba T, Yamanaka S. (2008). Generation of pluripotent stem cells from adult mouse liver and stomach cells. *Science.* 321:699-702.

Assmus B, Fischer-Rasokat U, Honold J, Seeger FH, Fichtlscherer S, Tonn T, Seifried E, Schachinger V, Dimmeler S, Zeiher AM. (2007). Transcoronary transplantation of functionally competent BMCs is associated with a decrease in natriuretic peptide serum levels and improved survival of patients with chronic postinfarction heart failure: results of the TOPCARE-CHD Registry. *Circ Res.* 100:1234-41.

Bajada S, Mazakova I, Richardson JB, Ashammakhi N. (2008). Updates on stem cells and their applications in regenerative medicine. *J Tissue Eng Regen Med.* 2:169-83.

Baker DE, Harrison NJ, Maltby E, Smith K, Moore HD, Shaw PJ, Heath PR, Holden H, Andrews PW. (2007). Adaptation to culture of human embryonic stem cells and oncogenesis in vivo. *Nat Biotechnol.* 25:207-15.

Balakier H, Tarkowski AK. (1976). Diploid parthenogenetic mouse embryos produced by heat-shock and Cytochalasin B. *J Embryol Exp Morphol.* 35:25-39.

Balsam LB, Wagers AJ, Christensen JL, Kofidis T, Weissman IL, Robbins RC. (2004). Haematopoietic stem cells adopt mature haematopoietic fates in ischaemic myocardium. *Nature.* 428:668-73.

Bartolomei MS, Zemel S, Tilghman SM. (1991). Parental imprinting of the mouse H19 gene. *Nature.* 351:153-5.

Barton SC, Surani MA, Norris ML. (1984). Role of paternal and maternal genomes in mouse development. *Nature.* 311:374-6.

Baudino TA, Carver W, Giles W, Borg TK. (2006). Cardiac fibroblasts: friend or foe? *Am J Physiol Heart Circ Physiol.* 291:H1015-26.

Beqqali A, Kloots J, Ward-van Oostwaard D, Mummery C, Passier R. (2006). Genome-wide transcriptional profiling of human embryonic stem cells differentiating to cardiomyocytes. *Stem Cells.* 24:1956-67.

Bergmann O, Bhardwaj RD, Bernard S, Zdunek S, Barnabe-Heider F, Walsh S, Zupicich J, Alkass K, Buchholz BA, Druid H, Jovinge S, Frisen J. (2009). Evidence for cardiomyocyte renewal in humans. *Science.* 324:98-102.

Bers DM. (2002). Cardiac excitation-contraction coupling. *Nature.* 415:198-205.

Bird SD, Doevendans PA, van Rooijen MA, Brutel de la Riviere A, Hassink RJ, Passier R, Mummery CL. (2003). The human adult cardiomyocyte phenotype. *Cardiovasc Res.* 58:423-34.

Boheler KR, Czyz J, Tweedie D, Yang HT, Anisimov SV, Wobus AM. (2002). Differentiation of pluripotent embryonic stem cells into cardiomyocytes. *Circ Res.* 91:189-201.

Border WA, Noble NA. (1994). Transforming growth factor beta in tissue fibrosis. *N Engl J Med.* 331:1286-92.

Boyer LA, Lee TI, Cole MF, Johnstone SE, Levine SS, Zucker JP, Guenther MG, Kumar RM, Murray HL, Jenner RG, Gifford DK, Melton DA, Jaenisch R, Young RA. (2005). Core transcriptional regulatory circuitry in human embryonic stem cells. *Cell.* 122:947-56.

Brandeis M, Kafri T, Ariel M, Chaillet JR, McCarrey J, Razin A, Cedar H. (1993). The ontogeny of allele-specific methylation associated with imprinted genes in the mouse. *EMBO J.* 12:3669-77.

Brevini TA, Pennarossa G, Antonini S, Paffoni A, Tettamanti G, Montemurro T, Radaelli E, Lazzari L, Rebulla P, Scanziani E, de Eguileor M, Benvenisty N, Ragni G, Gandolfi F. (2009). Cell Lines Derived from Human Parthenogenetic Embryos Can Display Aberrant Centriole Distribution and Altered Expression Levels of Mitotic Spindle Check-point Transcripts. *Stem Cell Rev Rep.*

Briggs R, King TJ. (1952). Transplantation of Living Nuclei From Blastula Cells into Enucleated Frogs' Eggs. *Proc Natl Acad Sci U S A.* 38:455-63.

Buckingham M, Meilhac S, Zaffran S. (2005). Building the mammalian heart from two sources of myocardial cells. *Nat Rev Genet.* 6:826-35.

Byrne JA, Pedersen DA, Clepper LL, Nelson M, Sanger WG, Gokhale S, Wolf DP, Mitalipov SM. (2007). Producing primate embryonic stem cells by somatic cell nuclear transfer. *Nature.* 450:497-502.

Cai CL, Liang X, Shi Y, Chu PH, Pfaff SL, Chen J, Evans S. (2003). Isl1 identifies a cardiac progenitor population that proliferates prior to differentiation and contributes a majority of cells to the heart. *Dev Cell.* 5:877-89.

Campa VM, Gutierrez-Lanza R, Cerignoli F, Diaz-Trelles R, Nelson B, Tsuji T, Barcova M, Jiang W, Mercola M. (2008). Notch activates cell cycle reentry and progression in quiescent cardiomyocytes. *J Cell Biol.* 183:129-41.

Carrier RL, Papadaki M, Rupnick M, Schoen FJ, Bursac N, Langer R, Freed LE, Vunjak-Novakovic G. (1999). Cardiac tissue engineering: cell seeding, cultivation parameters, and tissue construct characterization. *Biotechnol Bioeng.* 64:580-9.

Ceradini DJ, Kulkarni AR, Callaghan MJ, Tepper OM, Bastidas N, Kleinman ME, Capla JM, Galiano RD, Levine JP, Gurtner GC. (2004). Progenitor cell trafficking is regulated by hypoxic gradients through HIF-1 induction of SDF-1. *Nat Med.* 10:858-64.

Chapman DD, Shivji MS, Louis E, Sommer J, Fletcher H, Prodohl PA. (2007). Virgin birth in a hammerhead shark. *Biol Lett.* 3:425-7.

Chaudhry HW, Dashoush NH, Tang H, Zhang L, Wang X, Wu EX, Wolgemuth DJ. (2004). Cyclin A2 mediates cardiomyocyte mitosis in the postmitotic myocardium. *J Biol Chem.* 279:35858-66.

Chen Z, Liu Z, Huang J, Amano T, Li C, Cao S, Wu C, Liu B, Zhou L, Carter MG, Keefe DL, Yang X, Liu L. (2009). Birth of parthenote mice directly from parthenogenetic embryonic stem cells. *Stem Cells.* 27:2136-45.

Chiu RC, Zibaitis A, Kao RL. (1995). Cellular cardiomyoplasty: myocardial regeneration with satellite cell implantation. *Ann Thorac Surg.* 60:12-8.

Cibelli JB, Grant KA, Chapman KB, Cunniff K, Worst T, Green HL, Walker SJ, Gutin PH, Vilner L, Tabar V, Dominko T, Kane J, Wettstein PJ, Lanza RP, Studer L, Vrana KE, West MD. (2002). Parthenogenetic stem cells in nonhuman primates. *Science.* 295:819.

Cibelli JB, Stice SL, Golueke PJ, Kane JJ, Jerry J, Blackwell C, Ponce de Leon FA, Robl JM. (1998). Cloned transgenic calves produced from nonquiescent fetal fibroblasts. *Science.* 280:1256-8.

Conrad S, Renninger M, Hennenlotter J, Wiesner T, Just L, Bonin M, Aicher W, Buhring HJ, Mattheus U, Mack A, Wagner HJ, Minger S, Matzkies M, Reppel M, Hescheler J, Sievert KD, Stenzl A, Skutella T. (2008). Generation of pluripotent stem cells from adult human testis. *Nature.* 456:344-9.

Cooke JE, Godin I, Ffrench-Constant C, Heasman J, Wylie CC. (1993). Culture and manipulation of primordial germ cells. *Methods Enzymol.* 225:37-58.

Cossu G, Bianco P. (2003). Mesoangioblasts--vascular progenitors for extravascular mesodermal tissues. *Curr Opin Genet Dev.* 13:537-42.

Cowan CA, Atienza J, Melton DA, Eggan K. (2005). Nuclear reprogramming of somatic cells after fusion with human embryonic stem cells. *Science.* 309:1369-73.

Dai W, Field LJ, Rubart M, Reuter S, Hale SL, Zweigerdt R, Graichen RE, Kay GL, Jyrala AJ, Colman A, Davidson BP, Pera M, Kloner RA. (2007). Survival and maturation of human embryonic stem cell-derived cardiomyocytes in rat hearts. *J Mol Cell Cardiol.* 43:504-16.

Datwyler DA, Magyar JP, Weikert C, Wightman L, Wagner E, Eppenberger HM. (2003). Reactivation of the mitosis-promoting factor in postmitotic cardiomyocytes. *Cells Tissues Organs.* 175:61-71.

David R, Brenner C, Stieber J, Schwarz F, Brunner S, Vollmer M, Mentele E, Muller-Hocker J, Kitajima S, Lickert H, Rupp R, Franz WM. (2008). MesP1 drives vertebrate cardiovascular differentiation through Dkk-1-mediated blockade of Wnt-signalling. *Nat Cell Biol.* 10:338-45.

de Groot IJ, Lamers WH, Moorman AF. (1989). Isomyosin expression patterns during rat heart morphogenesis: an immunohistochemical study. *Anat Rec.* 224:365-73.

Dean W, Bowden L, Aitchison A, Klose J, Moore T, Meneses JJ, Reik W, Feil R. (1998). Altered imprinted gene methylation and expression in completely ES cell-derived mouse fetuses: association with aberrant phenotypes. *Development.* 125:2273-82.

DeChiara TM, Robertson EJ, Efstratiadis A. (1991). Parental imprinting of the mouse insulin-like growth factor II gene. *Cell.* 64:849-59.

DeRuiter MC, Poelmann RE, VanderPlas-de Vries I, Mentink MM, Gittenberger-de Groot AC. (1992). The development of the myocardium and endocardium in mouse embryos. Fusion of two heart tubes? *Anat Embryol (Berl).* 185:461-73.

Dimmeler S, Zeiher AM, Schneider MD. (2005). Unchain my heart: the scientific foundations of cardiac repair. *J Clin Invest.* 115:572-83.

Do JT, Joo JY, Han DW, Arauzo-Bravo MJ, Kim MJ, Greber B, Zaehres H, Sobek-Klocke I, Chung HM, Scholer HR. (2009). Generation of parthenogenetic induced pluripotent stem cells from parthenogenetic neural stem cells. *Stem Cells.* 27:2962-8.

Doetschman TC, Eistetter H, Katz M, Schmidt W, Kemler R. (1985). The in vitro development of blastocyst-derived embryonic stem cell lines: formation of visceral yolk sac, blood islands and myocardium. *J Embryol Exp Morphol.* 87:27-45.

Doevendans PA, Kubalak SW, An RH, Becker DK, Chien KR, Kass RS. (2000). Differentiation of cardiomyocytes in floating embryoid bodies is comparable to fetal cardiomyocytes. *J Mol Cell Cardiol.* 32:839-51.

Doherty AS, Mann MR, Tremblay KD, Bartolomei MS, Schultz RM. (2000). Differential effects of culture on imprinted H19 expression in the preimplantation mouse embryo. *Biol Reprod.* 62:1526-35.

Dowell JD, Rubart M, Pasumarthi KB, Soonpaa MH, Field LJ. (2003). Myocyte and myogenic stem cell transplantation in the heart. *Cardiovasc Res.* 58:336-50.

Drukker M, Katz G, Urbach A, Schuldiner M, Markel G, Itskovitz-Eldor J, Reubinoff B, Mandelboim O, Benvenisty N. (2002). Characterization of the expression of MHC proteins in human embryonic stem cells. *Proc Natl Acad Sci U S A.* 99:9864-9.

El Oakley RM, Ooi OC, Bongso A, Yacoub MH. (2001). Myocyte transplantation for myocardial repair: a few good cells can mend a broken heart. *Ann Thorac Surg.* 71:1724-33.

El-Armouche A, Singh J, Naito H, Wittkopper K, Didie M, Laatsch A, Zimmermann WH, Eschenhagen T. (2007). Adenovirus-delivered short hairpin RNA targeting PKCalpha improves contractile function in reconstituted heart tissue. *J Mol Cell Cardiol.* 43:371-6.

Engelmayr GC, Jr., Cheng M, Bettinger CJ, Borenstein JT, Langer R, Freed LE. (2008). Accordion-like honeycombs for tissue engineering of cardiac anisotropy. *Nat Mater.* 7:1003-10.

Eschenhagen T, Didie M, Munzel F, Schubert P, Schneiderbanger K, Zimmermann WH. (2002). 3D engineered heart tissue for replacement therapy. *Basic Res Cardiol.* 97 Suppl 1:I146-52.

Eschenhagen T, Fink C, Remmers U, Scholz H, Wattchow J, Weil J, Zimmermann W, Dohmen HH, Schafer H, Bishopric N, Wakatsuki T, Elson EL. (1997). Three-dimensional reconstitution of embryonic cardiomyocytes in a collagen matrix: a new heart muscle model system. *FASEB J.* 11:683-94.

Etzion S, Battler A, Barbash IM, Cagnano E, Zarin P, Granot Y, Kedes LH, Kloner RA, Leor J. (2001). Influence of embryonic cardiomyocyte transplantation on the progression of heart failure in a rat model of extensive myocardial infarction. *J Mol Cell Cardiol.* 33:1321-30.

Etzion S, Kedes LH, Kloner RA, Leor J. (2001). Myocardial regeneration: present and future trends. *Am J Cardiovasc Drugs.* 1:233-44.

Evans MJ, Kaufman MH. (1981). Establishment in culture of pluripotential cells from mouse embryos. *Nature.* 292:154-6.

Fazel S, Cimini M, Chen L, Li S, Angoulvant D, Fedak P, Verma S, Weisel RD, Keating A, Li RK. (2006). Cardioprotective c-kit+ cells are from the bone marrow and regulate the myocardial balance of angiogenic cytokines. *J Clin Invest.* 116:1865-77.

Field LJ. (1988). Atrial natriuretic factor-SV40 T antigen transgenes produce tumors and cardiac arrhythmias in mice. *Science.* 239:1029-33.

Fijnvandraat AC, van Ginneken AC, de Boer PA, Ruijter JM, Christoffels VM, Moorman AF, Lekanne Deprez RH. (2003). Cardiomyocytes derived from embryonic stem cells resemble cardiomyocytes of the embryonic heart tube. *Cardiovasc Res.* 58:399-409.

Fink C, Ergun S, Kralisch D, Remmers U, Weil J, Eschenhagen T. (2000). Chronic stretch of engineered heart tissue induces hypertrophy and functional improvement. *FASEB J.* 14:669-79.

Foucaud J, Fournier D, Orivel J, Delabie JH, Loiseau A, Le Breton J, Kergoat GJ, Estoup A. (2007). Sex and clonality in the little fire ant. *Mol Biol Evol.* 24:2465-73
Fowden AL, Sibley C, Reik W, Constancia M. (2006). Imprinted genes, placental development and fetal growth. *Horm Res.* 65 Suppl 3:50-8.

Fundele RH, Norris ML, Barton SC, Fehlau M, Howlett SK, Mills WE, Surani MA. (1990). Temporal and spatial selection against parthenogenetic cells during development of fetal chimeras. *Development.* 108:203-11.

Gallicano GI, McGaughey RW, Capco DG. (1997). Activation of protein kinase C after fertilization is required for remodeling the mouse egg into the zygote. *Mol Reprod Dev.* 46:587-601.

Gerdes AM, Morales MC, Handa V, Moore JA, Alvarez MR. (1991). Nuclear size and DNA content in rat cardiac myocytes during growth, maturation and aging. *J Mol Cell Cardiol.* 23:833-9.

Guan K, Nayernia K, Maier LS, Wagner S, Dressel R, Lee JH, Nolte J, Wolf F, Li M, Engel W, Hasenfuss G. (2006). Pluripotency of spermatogonial stem cells from adult mouse testis. *Nature.* 440:1199-203.

Guan K, Wagner S, Unsold B, Maier LS, Kaiser D, Hemmerlein B, Nayernia K, Engel W, Hasenfuss G. (2007). Generation of functional cardiomyocytes from adult mouse spermatogonial stem cells. *Circ Res.* 100:1615-25.

Hamill OP, Marty A, Neher E, Sakmann B, Sigworth FJ. (1981). Improved patch-clamp techniques for high-resolution current recording from cells and cell-free membrane patches. *Pflugers Arch.* 391:85-100.

Hanna J, Markoulaki S, Schorderet P, Carey BW, Beard C, Wernig M, Creyghton MP, Steine EJ, Cassady JP, Foreman R, Lengner CJ, Dausman JA, Jaenisch R. (2008). Direct reprogramming of terminally differentiated mature B lymphocytes to pluripotency. *Cell.* 133:250-64.

Hentze H, Soong PL, Wang ST, Phillips BW, Putti TC, Dunn NR. (2009). Teratoma formation by human embryonic stem cells: Evaluation of essential parameters for future safety studies. *Stem Cell Res.*

Herreros J, Prosper F, Perez A, Gavira JJ, Garcia-Velloso MJ, Barba J, Sanchez PL, Canizo C, Rabago G, Marti-Climent JM, Hernandez M, Lopez-Holgado N, Gonzalez-Santos JM, Martin-Luengo C, Alegria E. (2003). Autologous intramyocardial injection of cultured skeletal muscle-derived stem cells in patients with non-acute myocardial infarction. *Eur Heart J.* 24:2012-20.

Hescheler J, Fleischmann BK, Lentini S, Maltsev VA, Rohwedel J, Wobus AM, Addicks K. (1997). Embryonic stem cells: a model to study structural and functional properties in cardiomyogenesis. *Cardiovasc Res.* 36:149-62.

Hochedlinger K, Jaenisch R. (2006). Nuclear reprogramming and pluripotency. *Nature.* 441:1061-7.

Hong H, Takahashi K, Ichisaka T, Aoi T, Kanagawa O, Nakagawa M, Okita K, Yamanaka S. (2009). Suppression of induced pluripotent stem cell generation by the p53-p21 pathway. *Nature.* 460:1132-5.

Horii T, Kimura M, Morita S, Nagao Y, Hatada I. (2008). Loss of genomic imprinting in mouse parthenogenetic embryonic stem cells. *Stem Cells.* 26:79-88.

Humpherys D, Eggan K, Akutsu H, Hochedlinger K, Rideout WM, 3rd, Biniszkiewicz D, Yanagimachi R, Jaenisch R. (2001). Epigenetic instability in ES cells and cloned mice. *Science.* 293:95-7.

Huntriss J, Daniels R, Bolton V, Monk M. (1998). Imprinted expression of SNRPN in human preimplantation embryos. *Am J Hum Genet.* 63:1009-14.

Hwang WS, Ryu YJ, Park JH, Park ES, Lee EG, Koo JM, Jeon HY, Lee BC, Kang SK, Kim SJ, Ahn C, Hwang JH, Park KY, Cibelli JB, Moon SY. (2004). Evidence of a pluripotent human embryonic stem cell line derived from a cloned blastocyst. *Science.* 303:1669-74.

Ieda M, Tsuchihashi T, Ivey KN, Ross RS, Hong TT, Shaw RM, Srivastava D. (2009). Cardiac fibroblasts regulate myocardial proliferation through beta1 integrin signaling. *Dev Cell.* 16:233-44.

Kasahara H, Bartunkova S, Schinke M, Tanaka M, Izumo S. (1998). Cardiac and extracardiac expression of Csx/Nkx2.5 homeodomain protein. *Circ Res.* 82:936-46 Kass DA, Hare JM, Georgakopoulos D. (1998). Murine cardiac function: a cautionary tail. *Circ Res.* 82:519-22.

Kattman SJ, Huber TL, Keller GM. (2006). Multipotent flk-1+ cardiovascular progenitor cells give rise to the cardiomyocyte, endothelial, and vascular smooth muscle lineages. *Dev Cell.* 11:723-32.

Kaufman MH, Robertson EJ, Handyside AH, Evans MJ. (1983). Establishment of pluripotential cell lines from haploid mouse embryos. *J Embryol Exp Morphol.* 73:249-61.

Kawahara M, Wu Q, Takahashi N, Morita S, Yamada K, Ito M, Ferguson-Smith AC, Kono T. (2007). High-frequency generation of viable mice from engineered bi-maternal embryos. *Nat Biotechnol.* 25:1045-50.

Kawamura T, Suzuki J, Wang YV, Menendez S, Morera LB, Raya A, Wahl GM, Belmonte JC. (2009). Linking the p53 tumour suppressor pathway to somatic cell reprogramming. *Nature.* 460:1140-4.

Kawase E, Suemori H, Takahashi N, Okazaki K, Hashimoto K, Nakatsuji N. (1994). Strain difference in establishment of mouse embryonic stem (ES) cell lines. *Int J Dev Biol.* 38:385-90.

Kehat I, Kenyagin-Karsenti D, Snir M, Segev H, Amit M, Gepstein A, Livne E, Binah O, Itskovitz-Eldor J, Gepstein L. (2001). Human embryonic stem cells can differentiate into myocytes with structural and functional properties of cardiomyocytes. *J Clin Invest.* 108:407-14.

Kehat I, Khimovich L, Caspi O, Gepstein A, Shofti R, Arbel G, Huber I, Satin J, Itskovitz-Eldor J, Gepstein L. (2004). Electromechanical integration of cardiomyocytes derived from human embryonic stem cells. *Nat Biotechnol.* 22:1282-9.

Kennedy D. (2006). Editorial retraction. *Science.* 311:335.

Khosla S, Dean W, Brown D, Reik W, Feil R. (2001). Culture of preimplantation mouse embryos affects fetal development and the expression of imprinted genes. *Biol Reprod.* 64:918-26.

Kim JB, Sebastiano V, Wu G, Arauzo-Bravo MJ, Sasse P, Gentile L, Ko K, Ruau D, Ehrich M, van den Boom D, Meyer J, Hubner K, Bernemann C, Ortmeier C, Zenke M, Fleischmann BK, Zaehres H, Scholer HR. (2009). Oct4-induced pluripotency in adult neural stem cells. *Cell.* 136:411-9.

Kim K, Lerou P, Yabuuchi A, Lengerke C, Ng K, West J, Kirby A, Daly MJ, Daley GQ. (2007). Histocompatible embryonic stem cells by parthenogenesis. *Science.* 315:482-6.

Kim K, Ng K, Rugg-Gunn PJ, Shieh JH, Kirak O, Jaenisch R, Wakayama T, Moore MA, Pedersen RA, Daley GQ. (2007). Recombination signatures distinguish embryonic stem cells derived by parthenogenesis and somatic cell nuclear transfer. *Cell Stem Cell.* 1:346-52.

Kim NH, Chung KS, Day BN. (1997). The distribution and requirements of microtubules and microfilaments during fertilization and parthenogenesis in pig oocytes. *J Reprod Fertil.* 111:143-9.

Kispert A, Herrmann BG. (1994). Immunohistochemical analysis of the Brachyury protein in wild-type and mutant mouse embryos. *Dev Biol.* 161:179-93.

Kline D, Kline JT. (1992). Repetitive calcium transients and the role of calcium in exocytosis and cell cycle activation in the mouse egg. *Dev Biol.* 149:80-9.

Klug MG, Soonpaa MH, Koh GY, Field LJ. (1996). Genetically selected cardiomyocytes from differentiating embronic stem cells form stable intracardiac grafts. *J Clin Invest.* 98:216-24.

Kocher AA, Schuster MD, Szabolcs MJ, Takuma S, Burkhoff D, Wang J, Homma S, Edwards NM, Itescu S. (2001). Neovascularization of ischemic myocardium by human bone-marrow-derived angioblasts prevents cardiomyocyte apoptosis, reduces remodeling and improves cardiac function. *Nat Med.* 7:430-6.

Kolossov E, Bostani T, Roell W, Breitbach M, Pillekamp F, Nygren JM, Sasse P, Rubenchik O, Fries JW, Wenzel D, Geisen C, Xia Y, Lu Z, Duan Y, Kettenhofen R, Jovinge S, Bloch W, Bohlen H, Welz A, Hescheler J, Jacobsen SE, Fleischmann BK. (2006). Engraftment of engineered ES cell-derived cardiomyocytes but not BM cells restores contractile function to the infarcted myocardium. *J Exp Med.* 203:2315-27.

Kolossov E, Fleischmann BK, Liu Q, Bloch W, Viatchenko-Karpinski S, Manzke O, Ji GJ, Bohlen H, Addicks K, Hescheler J. (1998). Functional characteristics of ES cell-derived cardiac precursor cells identified by tissue-specific expression of the green fluorescent protein. *J Cell Biol.* 143:2045-56.

Kolossov E, Lu Z, Drobinskaya I, Gassanov N, Duan Y, Sauer H, Manzke O, Bloch W, Bohlen H, Hescheler J, Fleischmann BK. (2005). Identification and characterization of embryonic stem cell-derived pacemaker and atrial cardiomyocytes. *FASEB J.* 19:577-9.

Kono T, Obata Y, Wu Q, Niwa K, Ono Y, Yamamoto Y, Park ES, Seo JS, Ogawa H. (2004). Birth of parthenogenetic mice that can develop to adulthood. *Nature.* 428:860-4.

Kono T, Obata Y, Yoshimzu T, Nakahara T, Carroll J. (1996). Epigenetic modifications during oocyte growth correlates with extended parthenogenetic development in the mouse. *Nat Genet.* 13:91-4.

Kubiak J, Paldi A, Weber M, Maro B. (1991). Genetically identical parthenogenetic mouse embryos produced by inhibition of the first meiotic cleavage with cytochalasin D. *Development.* 111:763-9.

Kuzmenkin A, Liang H, Xu G, Pfannkuche K, Eichhorn H, Fatima A, Luo H, Saric T, Wernig M, Jaenisch R, Hescheler J. (2009). Functional characterization of cardiomyocytes derived from murine induced pluripotent stem cells in vitro. *FASEB J.* 23:4168-80.

Laflamme MA, Chen KY, Naumova AV, Muskheli V, Fugate JA, Dupras SK, Reinecke H, Xu C, Hassanipour M, Police S, O'Sullivan C, Collins L, Chen Y, Minami E, Gill EA, Ueno S, Yuan C, Gold J, Murry CE. (2007). Cardiomyocytes derived from human embryonic stem cells in pro-survival factors enhance function of infarcted rat hearts. *Nat Biotechnol.* 25:1015-24.

Laflamme MA, Gold J, Xu C, Hassanipour M, Rosler E, Police S, Muskheli V, Murry CE. (2005). Formation of human myocardium in the rat heart from human embryonic stem cells. *Am J Pathol.* 167:663-71.

Laflamme MA, Murry CE. (2005). Regenerating the heart. *Nat Biotechnol.* 23:845-56.

Lauss M, Stary M, Tischler J, Egger G, Puz S, Bader-Allmer A, Seiser C, Weitzer G. (2005). Single inner cell masses yield embryonic stem cell lines differing in lifr expression and their developmental potential. *Biochem Biophys Res Commun.* 331:1577-86.

Lechleiter JD, John LM, Camacho P. (1998). Ca2+ wave dispersion and spiral wave entrainment in Xenopus laevis oocytes overexpressing Ca2+ ATPases. *Biophys Chem.* 72:123-9.

Lee Y, Shioi T, Kasahara H, Jobe SM, Wiese RJ, Markham BE, Izumo S. (1998). The cardiac tissue-restricted homeobox protein Csx/Nkx2.5 physically associates with the zinc finger protein GATA4 and cooperatively activates atrial natriuretic factor gene expression. *Mol Cell Biol.* 18:3120-9.

Lengerke C, Kim K, Lerou P, Daley GQ. (2007). Differentiation potential of histocompatible parthenogenetic embryonic stem cells. *Ann N Y Acad Sci.* 1106:209-18.

Leor J, Aboulafia-Etzion S, Dar A, Shapiro L, Barbash IM, Battler A, Granot Y, Cohen S. (2000). Bioengineered cardiac grafts: A new approach to repair the infarcted myocardium? *Circulation.* 102:III56-61.

Leor J, Patterson M, Quinones MJ, Kedes LH, Kloner RA. (1996). Transplantation of fetal myocardial tissue into the infarcted myocardium of rat. A potential method for repair of infarcted myocardium? *Circulation.* 94:II332-6.

Li C, Chen Z, Liu Z, Huang J, Zhang W, Zhou L, Keefe DL, Liu L. (2009). Correlation of expression and methylation of imprinted genes with pluripotency of parthenogenetic embryonic stem cells. *Hum Mol Genet.* 18:2177-87.

Lin G, OuYang Q, Zhou X, Gu Y, Yuan D, Li W, Liu G, Liu T, Lu G. (2007). A highly homozygous and parthenogenetic human embryonic stem cell line derived from a one-pronuclear oocyte following in vitro fertilization procedure. *Cell Res.* 17:999-1007.

Lin H, Lei J, Wininger D, Nguyen MT, Khanna R, Hartmann C, Yan WL, Huang SC. (2003). Multilineage potential of homozygous stem cells derived from metaphase II oocytes. *Stem Cells.* 21:152-61.

Liu JH, Zhu JQ, Liang XW, Yin S, Ola SI, Hou Y, Chen DY, Schatten H, Sun QY. (2008). Diploid parthenogenetic embryos adopt a maternal-type methylation pattern on both sets of maternal chromosomes. *Genomics*. 91:121-8.

Liu Y, Asakura M, Inoue H, Nakamura T, Sano M, Niu Z, Chen M, Schwartz RJ, Schneider MD. (2007). Sox17 is essential for the specification of cardiac mesoderm in embryonic stem cells. *Proc Natl Acad Sci U S A*. 104:3859-64.

Livak KJ, Schmittgen TD. (2001). Analysis of relative gene expression data using real-time quantitative PCR and the 2(-Delta Delta C(T)) Method. *Methods*. 25:402-8.

Loh YH, Wu Q, Chew JL, Vega VB, Zhang W, Chen X, Bourque G, George J, Leong B, Liu J, Wong KY, Sung KW, Lee CW, Zhao XD, Chiu KP, Lipovich L, Kuznetsov VA, Robson P, Stanton LW, Wei CL, Ruan Y, Lim B, Ng HH. (2006). The Oct4 and Nanog transcription network regulates pluripotency in mouse embryonic stem cells. *Nat Genet*. 38:431-40.

Lompre AM, Nadal-Ginard B, Mahdavi V. (1984). Expression of the cardiac ventricular alpha- and beta-myosin heavy chain genes is developmentally and hormonally regulated. *J Biol Chem*. 259:6437-46.

Lyons GE, Schiaffino S, Sassoon D, Barton P, Buckingham M. (1990). Developmental regulation of myosin gene expression in mouse cardiac muscle. *J Cell Biol*. 111:2427-36.

MacKenna D, Summerour SR, Villarreal FJ. (2000). Role of mechanical factors in modulating cardiac fibroblast function and extracellular matrix synthesis. *Cardiovasc Res*. 46:257-63.

Madgwick S, Levasseur M, Jones KT. (2005). Calmodulin-dependent protein kinase II, and not protein kinase C, is sufficient for triggering cell-cycle resumption in mammalian eggs. *J Cell Sci*. 118:3849-59.

Mahdavi V, Izumo S, Nadal-Ginard B. (1987). Developmental and hormonal regulation of sarcomeric myosin heavy chain gene family. *Circ Res*. 60:804-14.

Mahdavi V, Lompre AM, Chambers AP, Nadal-Ginard B. (1984). Cardiac myosin heavy chain isozymic transitions during development and under pathological conditions are regulated at the level of mRNA availability. *Eur Heart J*. 5 Suppl F:181-91.

Mai Q, Yu Y, Li T, Wang L, Chen MJ, Huang SZ, Zhou C, Zhou Q. (2007). Derivation of human embryonic stem cell lines from parthenogenetic blastocysts. *Cell Res*. 17:1008-19.

Makino S, Fukuda K, Miyoshi S, Konishi F, Kodama H, Pan J, Sano M, Takahashi T, Hori S, Abe H, Hata J, Umezawa A, Ogawa S. (1999). Cardiomyocytes can be generated from marrow stromal cells in vitro. *J Clin Invest*. 103:697-705.

Makkar RR, Lill M, Chen PS. (2003). Stem cell therapy for myocardial repair: is it arrhythmogenic? *J Am Coll Cardiol*. 42:2070-2.

Maltsev VA, Rohwedel J, Hescheler J, Wobus AM. (1993). Embryonic stem cells differentiate in vitro into cardiomyocytes representing sinusnodal, atrial and ventricular cell types. *Mech Dev*. 44:41-50.

Maltsev VA, Wobus AM, Rohwedel J, Bader M, Hescheler J. (1994). Cardiomyocytes differentiated in vitro from embryonic stem cells developmentally express cardiac-specific genes and ionic currents. *Circ Res*. 75:233-44.

Mann MR, Lee SS, Doherty AS, Verona RI, Nolen LD, Schultz RM, Bartolomei MS. (2004). Selective loss of imprinting in the placenta following preimplantation development in culture. *Development*. 131:3727-35.

Marelli D, Desrosiers C, el-Alfy M, Kao RL, Chiu RC. (1992). Cell transplantation for myocardial repair: an experimental approach. *Cell Transplant*. 1:383-90.

Marion RM, Strati K, Li H, Murga M, Blanco R, Ortega S, Fernandez-Capetillo O, Serrano M, Blasco MA. (2009). A p53-mediated DNA damage response limits reprogramming to ensure iPS cell genomic integrity. *Nature*. 460:1149-53.

Marshall VS, Wilton LJ, Moore HD. (1998). Parthenogenetic activation of marmoset (Callithrix jacchus) oocytes and the development of marmoset parthenogenones in vitro and in vivo. *Biol Reprod*. 59:1491-7.

Martin GR. (1981). Isolation of a pluripotent cell line from early mouse embryos cultured in medium conditioned by teratocarcinoma stem cells. *Proc Natl Acad Sci U S A*. 78:7634-8.

Mauritz C, Schwanke K, Reppel M, Neef S, Katsirntaki K, Maier LS, Nguemo F, Menke S, Haustein M, Hescheler J, Hasenfuss G, Martin U. (2008). Generation of functional murine cardiac myocytes from induced pluripotent stem cells. *Circulation*. 118:507-17.

McMurray JJ, Stewart S. (2000). Epidemiology, aetiology, and prognosis of heart failure. *Heart*. 83:596-602.

Menasche P, Hagege AA, Scorsin M, Pouzet B, Desnos M, Duboc D, Schwartz K, Vilquin JT, Marolleau JP. (2001). Myoblast transplantation for heart failure. *Lancet*. 357:279-80.

Mitalipov SM. (2006). Genomic imprinting in primate embryos and embryonic stem cells. *Reprod Fertil Dev*. 18:817-21.

Moore T, Haig D. (1991). Genomic imprinting in mammalian development: a parental tug-of-war. *Trends Genet*. 7:45-9.

Moretti A, Caron L, Nakano A, Lam JT, Bernshausen A, Chen Y, Qyang Y, Bu L, Sasaki M, Martin-Puig S, Sun Y, Evans SM, Laugwitz KL, Chien KR. (2006).

Multipotent embryonic isl1+ progenitor cells lead to cardiac, smooth muscle, and endothelial cell diversification. *Cell*. 127:1151-65.

Morison IM, Ramsay JP, Spencer HG. (2005). A census of mammalian imprinting. *Trends Genet*. 21:457-65.

Morris PJ, Johnson RJ, Fuggle SV, Belger MA, Briggs JD. (1999). Analysis of factors that affect outcome of primary cadaveric renal transplantation in the UK. HLA Task Force of the Kidney Advisory Group of the United Kingdom Transplant Support Service Authority (UKTSSA). *Lancet*. 354:1147-52.

Muller-Ehmsen J, Peterson KL, Kedes L, Whittaker P, Dow JS, Long TI, Laird PW, Kloner RA. (2002). Rebuilding a damaged heart: long-term survival of transplanted neonatal rat cardiomyocytes after myocardial infarction and effect on cardiac function. *Circulation*. 105:1720-6.

Muller-Ehmsen J, Whittaker P, Kloner RA, Dow JS, Sakoda T, Long TI, Laird PW, Kedes L. (2002). Survival and development of neonatal rat cardiomyocytes transplanted into adult myocardium. *J Mol Cell Cardiol*. 34:107-16.

Mummery C, Ward-van Oostwaard D, Doevendans P, Spijker R, van den Brink S, Hassink R, van der Heyden M, Opthof T, Pera M, de la Riviere AB, Passier R, Tertoolen L. (2003). Differentiation of human embryonic stem cells to cardiomyocytes: role of coculture with visceral endoderm-like cells. *Circulation*. 107:2733-40.

Murry CE, Field LJ, Menasche P. (2005). Cell-based cardiac repair: reflections at the 10-year point. *Circulation*. 112:3174-83.

Murry CE, Soonpaa MH, Reinecke H, Nakajima H, Nakajima HO, Rubart M, Pasumarthi KB, Virag JI, Bartelmez SH, Poppa V, Bradford G, Dowell JD, Williams DA, Field LJ. (2004). Haematopoietic stem cells do not transdifferentiate into cardiac myocytes in myocardial infarcts. *Nature*. 428:664-8.

Murry CE, Whitney ML, Laflamme MA, Reinecke H, Field LJ. (2002). Cellular therapies for myocardial infarct repair. *Cold Spring Harb Symp Quant Biol*. 67:519-26.

Murry CE, Wiseman RW, Schwartz SM, Hauschka SD. (1996). Skeletal myoblast transplantation for repair of myocardial necrosis. *J Clin Invest*. 98:2512-23
Nag AC, Foster JD. (1981). Myogenesis in adult mammalian skeletal muscle in vitro. *J Anat*. 132:1-18.

Nagy A, Rossant J, Nagy R, Abramow-Newerly W, Roder JC. (1993). Derivation of completely cell culture-derived mice from early-passage embryonic stem cells. *Proc Natl Acad Sci U S A*. 90:8424-8.

Nakanishi T, Seguchi M, Takao A. (1988). Development of the myocardial contractile system. *Experientia*. 44:936-44.

Newman-Smith ED, Werb Z. (1995). Stem cell defects in parthenogenetic periimplantation embryos. *Development.* 121:2069-77.

Ng WA, Grupp IL, Subramaniam A, Robbins J. (1991). Cardiac myosin heavy chain mRNA expression and myocardial function in the mouse heart. *Circ Res.* 68:1742-50.

Niebruegge S, Nehring A, Bar H, Schroeder M, Zweigerdt R, Lehmann J. (2008). Cardiomyocyte production in mass suspension culture: embryonic stem cells as a source for great amounts of functional cardiomyocytes. *Tissue Eng Part A.* 14:1591-601.

Niwa H. (2007). How is pluripotency determined and maintained? *Development.* 134:635-46.

Nussbaum J, Minami E, Laflamme MA, Virag JA, Ware CB, Masino A, Muskheli V, Pabon L, Reinecke H, Murry CE. (2007). Transplantation of undifferentiated murine embryonic stem cells in the heart: teratoma formation and immune response. *FASEB J.* 21:1345-57.

Ohlsson R, Larsson E, Nilsson O, Wahlstrom T, Sundstrom P. (1989). Blastocyst implantation precedes induction of insulin-like growth factor II gene expression in human trophoblasts. *Development.* 106:555-9.

Okita K, Ichisaka T, Yamanaka S. (2007). Generation of germline-competent induced pluripotent stem cells. *Nature.* 448:313-7.

Oliveira FG, Dozortsev D, Diamond MP, Fracasso A, Abdelmassih S, Abdelmassih V, Goncalves SP, Abdelmassih R, Nagy ZP. (2004). Evidence of parthenogenetic origin of ovarian teratoma: case report. *Hum Reprod.* 19:1867-70.

Onodera M, Tsunoda Y. (1989). Parthenogenetic activation of mouse and rabbit eggs by electric stimulation in vitro. *Gamete Res.* 22:277-83.

Opelz G, Wujciak T, Dohler B, Scherer S, Mytilineos J. (1999). HLA compatibility and organ transplant survival. Collaborative Transplant Study. *Rev Immunogenet.* 1:334-42.

Orlic D, Kajstura J, Chimenti S, Bodine DM, Leri A, Anversa P. (2003). Bone marrow stem cells regenerate infarcted myocardium. *Pediatr Transplant.* 7 Suppl 3:86-8.

Orlic D, Kajstura J, Chimenti S, Jakoniuk I, Anderson SM, Li B, Pickel J, McKay R, Nadal-Ginard B, Bodine DM, Leri A, Anversa P. (2001). Bone marrow cells regenerate infarcted myocardium. *Nature.* 410:701-5.

Palmqvist L, Glover CH, Hsu L, Lu M, Bossen B, Piret JM, Humphries RK, Helgason CD. (2005). Correlation of murine embryonic stem cell gene expression profiles with functional measures of pluripotency. *Stem Cells.* 23:663-80.

Park IH, Zhao R, West JA, Yabuuchi A, Huo H, Ince TA, Lerou PH, Lensch MW, Daley GQ. (2008). Reprogramming of human somatic cells to pluripotency with defined factors. *Nature*. 451:141-6.

Pasumarthi KB, Nakajima H, Nakajima HO, Soonpaa MH, Field LJ. (2005). Targeted expression of cyclin D2 results in cardiomyocyte DNA synthesis and infarct regression in transgenic mice. *Circ Res*. 96:110-8.

Pegg W, Michalak M. (1987). Differentiation of sarcoplasmic reticulum during cardiac myogenesis. *Am J Physiol*. 252:H22-31.

Radisic M, Park H, Gerecht S, Cannizzaro C, Langer R, Vunjak-Novakovic G. (2007). Biomimetic approach to cardiac tissue engineering. *Philos Trans R Soc Lond B Biol Sci*. 362:1357-68.

Radisic M, Park H, Shing H, Consi T, Schoen FJ, Langer R, Freed LE, Vunjak-Novakovic G. (2004). Functional assembly of engineered myocardium by electrical stimulation of cardiac myocytes cultured on scaffolds. *Proc Natl Acad Sci U S A*. 101:18129-34.

Rebuzzini P, Neri T, Mazzini G, Zuccotti M, Redi CA, Garagna S. (2008). Karyotype analysis of the euploid cell population of a mouse embryonic stem cell line revealed a high incidence of chromosome abnormalities that varied during culture. *Cytogenet Genome Res*. 121:18-24.

Reik W, Romer I, Barton SC, Surani MA, Howlett SK, Klose J. (1993). Adult phenotype in the mouse can be affected by epigenetic events in the early embryo. *Development*. 119:933-42.

Reik W, Walter J. (2001). Genomic imprinting: parental influence on the genome. *Nat Rev Genet*. 2:21-32.

Reinecke H, MacDonald GH, Hauschka SD, Murry CE. (2000). Electromechanical coupling between skeletal and cardiac muscle. Implications for infarct repair. *J Cell Biol*. 149:731-40.

Reinecke H, Minami E, Zhu WZ, Laflamme MA. (2008). Cardiogenic differentiation and transdifferentiation of progenitor cells. *Circ Res*. 103:1058-71.

Reinecke H, Murry CE. (2000). Transmural replacement of myocardium after skeletal myoblast grafting into the heart. Too much of a good thing? *Cardiovasc Pathol*. 9:337-44.

Reinecke H, Poppa V, Murry CE. (2002). Skeletal muscle stem cells do not transdifferentiate into cardiomyocytes after cardiac grafting. *J Mol Cell Cardiol*. 34:241-9.

Revazova ES, Turovets NA, Kochetkova OD, Agapova LS, Sebastian JL, Pryzhkova MV, Smolnikova VI, Kuzmichev LN, Janus JD. (2008). HLA homozygous stem cell lines derived from human parthenogenetic blastocysts. *Cloning Stem Cells.* 10:11-24.

Revazova ES, Turovets NA, Kochetkova OD, Kindarova LB, Kuzmichev LN, Janus JD, Pryzhkova MV. (2007). Patient-specific stem cell lines derived from human parthenogenetic blastocysts. *Cloning Stem Cells.* 9:432-49.

Rideout WM, 3rd, Hochedlinger K, Kyba M, Daley GQ, Jaenisch R. (2002). Correction of a genetic defect by nuclear transplantation and combined cell and gene therapy. *Cell.* 109:17-27.

Roell W, Lewalter T, Sasse P, Tallini YN, Choi BR, Breitbach M, Doran R, Becher UM, Hwang SM, Bostani T, von Maltzahn J, Hofmann A, Reining S, Eiberger B, Gabris B, Pfeifer A, Welz A, Willecke K, Salama G, Schrickel JW, Kotlikoff MI, Fleischmann BK. (2007). Engraftment of connexin 43-expressing cells prevents post-infarct arrhythmia. *Nature.* 450:819-24.

Rousseau E, Meissner G. (1989). Single cardiac sarcoplasmic reticulum Ca2+-release channel: activation by caffeine. *Am J Physiol.* 256:H328-33.

Rubart M, Pasumarthi KB, Nakajima H, Soonpaa MH, Nakajima HO, Field LJ. (2003). Physiological coupling of donor and host cardiomyocytes after cellular transplantation. *Circ Res.* 92:1217-24.

Rubart M, Soonpaa MH, Nakajima H, Field LJ. (2004). Spontaneous and evoked intracellular calcium transients in donor-derived myocytes following intracardiac myoblast transplantation. *J Clin Invest.* 114:775-83.

Rubart M, Wang E, Dunn KW, Field LJ. (2003). Two-photon molecular excitation imaging of Ca2+ transients in Langendorff-perfused mouse hearts. *Am J Physiol Cell Physiol.* 284:C1654-68.

Rumiantsev PP. (1978). [DNA synthesis and mitotic division of myocytes of the ventricles, atria and conduction system of the heart during the myocardial development in mammals]. *Tsitologiia.* 20:132-41.

Saga Y, Miyagawa-Tomita S, Takagi A, Kitajima S, Miyazaki J, Inoue T. (1999). MesP1 is expressed in the heart precursor cells and required for the formation of a single heart tube. *Development.* 126:3437-47.

Sanchez A, Jones WK, Gulick J, Doetschman T, Robbins J. (1991). Myosin heavy chain gene expression in mouse embryoid bodies. An in vitro developmental study. *J Biol Chem.* 266:22419-26.

Sanchez-Pernaute R, Studer L, Ferrari D, Perrier A, Lee H, Vinuela A, Isacson O. (2005). Long-term survival of dopamine neurons derived from parthenogenetic primate embryonic stem cells (cyno-1) after transplantation. *Stem Cells.* 23:914-22.

Santamaria D, Ortega S. (2006). Cyclins and CDKS in development and cancer: lessons from genetically modified mice. *Front Biosci.* 11:1164-88.

Sasaki H, Ferguson-Smith AC, Shum AS, Barton SC, Surani MA. (1995). Temporal and spatial regulation of H19 imprinting in normal and uniparental mouse embryos. *Development.* 121:4195-202.

Sasse P, Zhang J, Cleemann L, Morad M, Hescheler J, Fleischmann BK. (2007). Intracellular Ca2+ oscillations, a potential pacemaking mechanism in early embryonic heart cells. *J Gen Physiol.* 130:133-44.

Sato A, Otsu E, Negishi H, Utsunomiya T, Arima T. (2007). Aberrant DNA methylation of imprinted loci in superovulated oocytes. *Hum Reprod.* 22:26-35.

Schachinger V, Dimmeler S, Zeiher AM. (2006). [Stem cells after myocardial infarction]. *Herz.* 31:127-36; quiz 142-3.

Schannwell CM, Hennersdorf MG, Strauer BE. (2007). [Hypertension and cardiac failure]. *Internist (Berl).* 48:909-20.

Shake JG, Gruber PJ, Baumgartner WA, Senechal G, Meyers J, Redmond JM, Pittenger MF, Martin BJ. (2002). Mesenchymal stem cell implantation in a swine myocardial infarct model: engraftment and functional effects. *Ann Thorac Surg.* 73:1919-25; discussion 1926.

Sharova LV, Sharov AA, Piao Y, Shaik N, Sullivan T, Stewart CL, Hogan BL, Ko MS. (2007). Global gene expression profiling reveals similarities and differences among mouse pluripotent stem cells of different origins and strains. *Dev Biol.* 307:446-59.

Shimizu T, Yamato M, Isoi Y, Akutsu T, Setomaru T, Abe K, Kikuchi A, Umezu M, Okano T. (2002). Fabrication of pulsatile cardiac tissue grafts using a novel 3-dimensional cell sheet manipulation technique and temperature-responsive cell culture surfaces. *Circ Res.* 90:e40.

Siminiak T, Kalmucki P, Kurpisz M. (2004). Autologous skeletal myoblasts for myocardial regeneration. *J Interv Cardiol.* 17:357-65.

Smith RR, Barile L, Messina E, Marban E. (2008). Stem cells in the heart: what's the buzz all about? Part 2: Arrhythmic risks and clinical studies. *Heart Rhythm.* 5:880-7.

Soonpaa MH, Koh GY, Klug MG, Field LJ. (1994). Formation of nascent intercalated disks between grafted fetal cardiomyocytes and host myocardium. *Science.* 264:98-101.

Soonpaa MH, Koh GY, Pajak L, Jing S, Wang H, Franklin MT, Kim KK, Field LJ. (1997). Cyclin D1 overexpression promotes cardiomyocyte DNA synthesis and multinucleation in transgenic mice. *J Clin Invest.* 99:2644-54.

Spindle A, Sturm KS, Flannery M, Meneses JJ, Wu K, Pedersen RA. (1996). Defective chorioallantoic fusion in mid-gestation lethality of parthenogenone<-->tetraploid chimeras. *Dev Biol.* 173:447-58.

Stadtfeld M, Brennand K, Hochedlinger K. (2008). Reprogramming of pancreatic beta cells into induced pluripotent stem cells. *Curr Biol.* 18:890-4.

Stoger R, Kubicka P, Liu CG, Kafri T, Razin A, Cedar H, Barlow DP. (1993). Maternal-specific methylation of the imprinted mouse Igf2r locus identifies the expressed locus as carrying the imprinting signal. *Cell.* 73:61-71.

Stojkovic M, Stojkovic P, Leary C, Hall VJ, Armstrong L, Herbert M, Nesbitt M, Lako M, Murdoch A. (2005). Derivation of a human blastocyst after heterologous nuclear transfer to donated oocytes. *Reprod Biomed Online.* 11:226-31.

Stricker SA. (1999). Comparative biology of calcium signaling during fertilization and egg activation in animals. *Dev Biol.* 211:157-76.

Sturm KS, Flannery ML, Pedersen RA. (1994). Abnormal development of embryonic and extraembryonic cell lineages in parthenogenetic mouse embryos. *Dev Dyn.* 201:11-28.

Surani MA, Barton SC, Norris ML. (1984). Development of reconstituted mouse eggs suggests imprinting of the genome during gametogenesis. *Nature.* 308:548-50.

Swann K, Ozil JP. (1994). Dynamics of the calcium signal that triggers mammalian egg activation. *Int Rev Cytol.* 152:183-222.

Swijnenburg RJ, Schrepfer S, Cao F, Pearl JI, Xie X, Connolly AJ, Robbins RC, Wu JC. (2008). In vivo imaging of embryonic stem cells reveals patterns of survival and immune rejection following transplantation. *Stem Cells Dev.* 17:1023-9.

Szabo P, Mann JR. (1994). Expression and methylation of imprinted genes during in vitro differentiation of mouse parthenogenetic and androgenetic embryonic stem cell lines. *Development.* 120:1651-60.

Takahashi K, Tanabe K, Ohnuki M, Narita M, Ichisaka T, Tomoda K, Yamanaka S. (2007). Induction of pluripotent stem cells from adult human fibroblasts by defined factors. *Cell.* 131:861-72.

Takahashi K, Yamanaka S. (2006). Induction of pluripotent stem cells from mouse embryonic and adult fibroblast cultures by defined factors. *Cell.* 126:663-76.

Taylor CJ, Bayne AM, Welsh KI, Morris PJ. (1993). HLA-DR matching is effective in reducing posttransplant costs in renal allograft recipients on triple therapy. *Transplant Proc.* 25:210-1.

Taylor CJ, Bolton EM, Pocock S, Sharples LD, Pedersen RA, Bradley JA. (2005). Banking on human embryonic stem cells: estimating the number of donor cell lines needed for HLA matching. *Lancet.* 366:2019-25.

Terada N, Hamazaki T, Oka M, Hoki M, Mastalerz DM, Nakano Y, Meyer EM, Morel L, Petersen BE, Scott EW. (2002). Bone marrow cells adopt the phenotype of other cells by spontaneous cell fusion. *Nature.* 416:542-5.

Thomson JA, Itskovitz-Eldor J, Shapiro SS, Waknitz MA, Swiergiel JJ, Marshall VS, Jones JM. (1998). Embryonic stem cell lines derived from human blastocysts. *Science.* 282:1145-7.

Toth S, Huneau D, Banrezes B, Ozil JP. (2006). Egg activation is the result of calcium signal summation in the mouse. *Reproduction.* 131:27-34.

Umlauf D, Goto Y, Cao R, Cerqueira F, Wagschal A, Zhang Y, Feil R. (2004). Imprinting along the Kcnq1 domain on mouse chromosome 7 involves repressive histone methylation and recruitment of Polycomb group complexes. *Nat Genet.* 36:1296-300.

Utikal J, Polo JM, Stadtfeld M, Maherali N, Kulalert W, Walsh RM, Khalil A, Rheinwald JG, Hochedlinger K. (2009). Immortalization eliminates a roadblock during cellular reprogramming into iPS cells. *Nature.* 460:1145-8.

Viatchenko-Karpinski S, Fleischmann BK, Liu Q, Sauer H, Gryshchenko O, Ji GJ, Hescheler J. (1999). Intracellular Ca2+ oscillations drive spontaneous contractions in cardiomyocytes during early development. *Proc Natl Acad Sci U S A.* 96:8259-64.

Vrana KE, Hipp JD, Goss AM, McCool BA, Riddle DR, Walker SJ, Wettstein PJ, Studer LP, Tabar V, Cunniff K, Chapman K, Vilner L, West MD, Grant KA, Cibelli JB. (2003). Nonhuman primate parthenogenetic stem cells. *Proc Natl Acad Sci U S A.* 100 Suppl 1:11911-6.

Wakayama T, Perry AC, Zuccotti M, Johnson KR, Yanagimachi R. (1998). Full-term development of mice from enucleated oocytes injected with cumulus cell nuclei. *Nature.* 394:369-74.

Walsh C, Glaser A, Fundele R, Ferguson-Smith A, Barton S, Surani MA, Ohlsson R. (1994). The non-viability of uniparental mouse conceptuses correlates with the loss of the products of imprinted genes. *Mech Dev.* 46:55-62.

Wang Y, Ameer GA, Sheppard BJ, Langer R. (2002). A tough biodegradable elastomer. *Nat Biotechnol.* 20:602-6.

Watts PC, Buley KR, Sanderson S, Boardman W, Ciofi C, Gibson R. (2006). Parthenogenesis in Komodo dragons. *Nature.* 444:1021-2.

Weber KT. (1989). Cardiac interstitium in health and disease: the fibrillar collagen network. *J Am Coll Cardiol.* 13:1637-52.

Westfall MV, Pasyk KA, Yule DI, Samuelson LC, Metzger JM. (1997). Ultrastructure and cell-cell coupling of cardiac myocytes differentiating in embryonic stem cell cultures. *Cell Motil Cytoskeleton.* 36:43-54.

Wilmut I, Schnieke AE, McWhir J, Kind AJ, Campbell KH. (1997). Viable offspring derived from fetal and adult mammalian cells. *Nature.* 385:810-3.

Wobus AM, Boheler KR. (2005). Embryonic stem cells: prospects for developmental biology and cell therapy. *Physiol Rev.* 85:635-78.

Wobus AM, Guan K, Yang HT, Boheler KR. (2002). Embryonic stem cells as a model to study cardiac, skeletal muscle, and vascular smooth muscle cell differentiation. *Methods Mol Biol.* 185:127-56.

Wobus AM, Kaomei G, Shan J, Wellner MC, Rohwedel J, Ji G, Fleischmann B, Katus HA, Hescheler J, Franz WM. (1997). Retinoic acid accelerates embryonic stem cell-derived cardiac differentiation and enhances development of ventricular cardiomyocytes. *J Mol Cell Cardiol.* 29:1525-39.

Wobus AM, Rohwedel J, Maltsev V, Hescheler J. (1995). Development of cardiomyocytes expressing cardiac-specific genes, action potentials, and ionic channels during embryonic stem cell-derived cardiogenesis. *Ann N Y Acad Sci.* 752:460-9.

Woo YJ, Panlilio CM, Cheng RK, Liao GP, Suarez EE, Atluri P, Chaudhry HW. (2007). Myocardial regeneration therapy for ischemic cardiomyopathy with cyclin A2. *J Thorac Cardiovasc Surg.* 133:927-33.

Wu SM, Fujiwara Y, Cibulsky SM, Clapham DE, Lien CL, Schultheiss TM, Orkin SH. (2006). Developmental origin of a bipotential myocardial and smooth muscle cell precursor in the mammalian heart. *Cell.* 127:1137-50.

Yang L, Soonpaa MH, Adler ED, Roepke TK, Kattman SJ, Kennedy M, Henckaerts E, Bonham K, Abbott GW, Linden RM, Field LJ, Keller GM. (2008). Human cardiovascular progenitor cells develop from a KDR+ embryonic-stem-cell-derived population. *Nature.* 453:524-8.

Ying QL, Nichols J, Evans EP, Smith AG. (2002). Changing potency by spontaneous fusion. *Nature.* 416:545-8.

Yu J, Vodyanik MA, Smuga-Otto K, Antosiewicz-Bourget J, Frane JL, Tian S, Nie J, Jonsdottir GA, Ruotti V, Stewart R, Slukvin, II, Thomson JA. (2007). Induced pluripotent stem cell lines derived from human somatic cells. *Science.* 318:1917-20.

Zandstra PW, Bauwens C, Yin T, Liu Q, Schiller H, Zweigerdt R, Pasumarthi KB, Field LJ. (2003). Scalable production of embryonic stem cell-derived cardiomyocytes. *Tissue Eng.* 9:767-78.

Zaruba MM, Huber BC, Brunner S, Deindl E, David R, Fischer R, Assmann G, Herbach N, Grundmann S, Wanke R, Mueller-Hoecker J, Franz WM. (2008). Parathyroid hormone treatment after myocardial infarction promotes cardiac repair by enhanced neovascularization and cell survival. *Cardiovasc Res*. 77:722-31.

Zaruba MM, Theiss HD, Vallaster M, Mehl U, Brunner S, David R, Fischer R, Krieg L, Hirsch E, Huber B, Nathan P, Israel L, Imhof A, Herbach N, Assmann G, Wanke R, Mueller-Hoecker J, Steinbeck G, Franz WM. (2009). Synergy between CD26/DPP-IV inhibition and G-CSF improves cardiac function after acute myocardial infarction. *Cell Stem Cell*. 4:313-23.

Zhang J, Wilson GF, Soerens AG, Koonce CH, Yu J, Palecek SP, Thomson JA, Kamp TJ. (2009). Functional cardiomyocytes derived from human induced pluripotent stem cells. *Circ Res*. 104:e30-41.

Zhou H, Wu S, Joo JY, Zhu S, Han DW, Lin T, Trauger S, Bien G, Yao S, Zhu Y, Siuzdak G, Scholer HR, Duan L, Ding S. (2009). Generation of induced pluripotent stem cells using recombinant proteins. *Cell Stem Cell*. 4:381-4.

Zhou Q, Chipperfield H, Melton DA, Wong WH. (2007). A gene regulatory network in mouse embryonic stem cells. *Proc Natl Acad Sci U S A*. 104:16438-43.

Zhu W, Hassink RJ, Rubart M, Field LJ. (2009). Cell-cycle-based strategies to drive myocardial repair. *Pediatr Cardiol*. 30:710-5.

Zimmermann WH, Didie M, Wasmeier GH, Nixdorff U, Hess A, Melnychenko I, Boy O, Neuhuber WL, Weyand M, Eschenhagen T. (2002). Cardiac grafting of engineered heart tissue in syngenic rats. *Circulation*. 106:I151-7.

Zimmermann WH, Fink C, Kralisch D, Remmers U, Weil J, Eschenhagen T. (2000). Three-dimensional engineered heart tissue from neonatal rat cardiac myocytes. *Biotechnol Bioeng*. 68:106-14.

Zimmermann WH, Melnychenko I, Eschenhagen T. (2004). Engineered heart tissue for regeneration of diseased hearts. *Biomaterials*. 25:1639-47.

Zimmermann WH, Melnychenko I, Wasmeier G, Didie M, Naito H, Nixdorff U, Hess A, Budinsky L, Brune K, Michaelis B, Dhein S, Schwoerer A, Ehmke H, Eschenhagen T. (2006). Engineered heart tissue grafts improve systolic and diastolic function in infarcted rat hearts. *Nat Med*. 12:452-8.

Zimmermann WH, Schneiderbanger K, Schubert P, Didie M, Munzel F, Heubach JF, Kostin S, Neuhuber WL, Eschenhagen T. (2002). Tissue engineering of a differentiated cardiac muscle construct. *Circ Res*. 90:223-30.

Zund G, Breuer CK, Shinoka T, Ma PX, Langer R, Mayer JE, Vacanti JP. (1997). The in vitro construction of a tissue engineered bioprosthetic heart valve. *Eur J Cardiothorac Surg*. 11:493-7

7 Anhang

7.1 Abkürzungsverzeichnis

Abb	Abbildung
AChE	Acetylcholinesterase
Afp	alpha Fetoprotein
ALP	Alkalische Phosphatase
AmpR	Ampicillin Resistenz
APA	Aktionspotential-Amplitude
AP	Aktionspotential
AraC	Cytosin-Arabinosid
AVK	AV-Knoten
Bgn	Biglycan
BMP4	*Bone morphogenetic protein 4*
bp	Basenpaare
Bry	Brachyury
°C	Grad Celsius
Ca^{2+}	Calcium
Casq2	Calsequestrin
CCh	Carbochol
Col1	Kollagen I
cTnT	kardiales TroponinT
Cx43	Connexin 43
Dcn	Decorin
DDR-2	*Discoidin domain receptor 2*
DEPC	Diäthylpyrokarbonat
DMR	*differential methylated region*
DNA	Desoxyribonukleinsäure
Drd-2	*dopamine D2 receptor*
Dlk1	*delta-like homologue 1*
DMSO	Dimethylsulfoxid
Dpt	Dermatopontin
EB	Embryoidkörper
ECM	extrazellulären Matrix
E. coli	*Escherichia coli*
EDTA	Ethylendiamintetraessigsäure
EGFP	*Enhanced green fluorescent protein*

EHT	*Engineered Heart Tissue*
ES-Zellen	Embryonale Stammzellen
FACS	*Fluorescence activated cell sorting*
Fbn1	*fibrillin 1*
FCS	fetales Kälberserum
bFGF	*basic fibroblast growth factor*
Fthl17	*ferritin heavy polypeptide-like 17*
Flk-1	*fetal liver kinase-1*
for	*forward*, 5'-3' Primer
Foxd3	*forkhead box D3*
FSC	*Forward Scatter*
g	Erdschwerebeschleunigung (9,8 m/s^2)
G418	Geneticin
GAPDH	Glycerinaldehyd-3-phosphat-Dehydrogenase
Gbx2	*gastrulation brain homeobox 2*
Gtl2	*gene trap locus 2*
h	Stunde
H19	nicht-kodierende RNA
HCN	Hyperpolarisations-aktivierte Kationenkanäle
HLA	*human leukocyte antigene*
HygroR	Hygromycin-Resistenz
Hz	Hertz (1 Hz=60/Minute)
H&E	Hämalaun und Eosin
Igf2	*Insulin-like growth factor 2*
Igf2R	*Insulin-like growth factor 2 receptor*
IG-DMR	*intergenic-differentially methylated region*
iPS	*Induced pluripotent stem cells*
IRES	*internal ribosomal entry site*
Isl-1	*LIM homeobox 1 transcription factor*
Iso	Isoprenalin
KCl	Kaliumchlorid
Krt-10	Keratin-10
Krt-18	Keratin-18
LIF	*leukaemia inhibitory factor*
M	Mol/l
maGSC	*multipotent adult germline stem cells*
MDP	minimalen diastolischen Potential
MEF	Maus Embryonale Fibroblasten
Mesp1	*mesoderm posterior 1*

merge	Überlagerung
MHC	*major histocompatibiliy complex*
α-MHC	*alpha myosin heavy chain*
β-MHC	*beta myosin heavy chain*
min	Minute
mRNA	*messenger* Ribonukleinsäure
Myc	*myc proto-oncogene protein*
Nanog	Transkriptionsfaktor
n.d.	nicht detektierbar
NeoR	Neomycin-Resistenzgen
Nid	nidogen
Nkx2.5	*NK2 transcription factor related locus 5*
nLacZ	nukleäre β-Galaktosidase
Oct3/4	*Pou5f1; Octamer binding transcription factor 3/4*
P	Passage
PBS	*phosphate buffered saline*, Phosphatgepufferte Salzlösung
PCR	*polymerase chain reaction*, Polymerase-Kettenreaktion
PS-Zellen	Parthenogenetische Stammzellen
Pecam-1	CD31; *platelet/endothelial cell adhesion molecule 1*
Peg1	*paternally-expressed gene 1*
R1	ES-Zelllinie
rev	*reverse*, 3'–5' Primer
Rex1	*Zfp42*
RNA	Ribonukleinsäure
rpm	*rounds per minute*, (Umdrehung pro Minute)
RT	Raumtemperatur
RT-PCR	Reverse Transkriptions-PCR
RyR2	Ryanodin-Rezeptor
SCID	*severe combined immunodeficiency*
SCNT	*somatic cell nuclear transfer*
sec	Sekunde
SM-MHC	*smooth muscle myosin heavy chain*
SNP	*single nucleotide polymorphism*
Sox2	SRY-box 2
SR	sarkoplasmatischen Retikulum
SrCl$_2$	Stonciumchlorid
SSEA-1	*stage specific antigen-1*
SV40	Simianes Virus 40
Syp	Synaptophysin

SZ-Medium	Stammzell-Medium
tg	transgen
Tie-2	*TEK tyrosine kinase 2*
T_m	Schmelztemperatur
TT	*twitch tension*, Kontraktionskraft
TTX	Tetrodotoxin
U	*Units*; Enzymeinheit
üN	über Nacht
wt	Wildtyp

Si-Einheiten

k	Kilo (10^3)
m	Milli (10^{-3})
µ	Micro (10^{-6})
n	Nano (10^{-9})

7.2 Primer und PCR-Bedingungen

Tab. 1: Genotypisierung transgener PS-Zell-Klone

PCR-Schritt	Temperatur (°C)	Zeit (min:sec)	Zyklen
Denaturierung	94	5:00	1
Denaturierung	94	00:30	
Hybridisierung	66	00:30	30
Elongation	72	01:00	
Elongation	72	10:00	1

Primer	Primersequenz (5'-3')	(bp)
α-MHC-Neo-for	ATTCGCCGCCAAGCTCTTCAGCAATATCAC	400
α-MHC-Neo-rev	TCCTGCCGAGAAAGTATCCATCATGGCTGA	
ANP-for	CGTGCCCCGACCCACGCCAGCATGGGCTCC	494
ANP-rev	GGCTCCGAGGGCCAGCGAGCAGAGCCCTCA	

Anhang

Tab. 2: *Nested* PCR-Bedingungen und Primersequenzen

PCR-Schritt	Temperatur (°C)	Zeit (min:sec)	Zyklen
Denaturierung	94	5:00	1
Denaturierung	94	00:30	
Hybridisierung	45-55*	00:30	40
Elongation	72	00:30	
Elongation	72	10:00	1

*angepasst an Primer T_m(°C)

Jeweils 3 µl des PCR-Produktes wurden für die zweite PCR-Reaktion als Template eingesetzt.

Primer	Primersequenz (5'-3')	T_m (°C)
1. Peg1-for	TAGGGGTTTGTTTTGTTGTTTATTT	45
Peg1-rev	AACCTATAAATATCTTCCCATATTC	
2. Peg1-for	GATATGATAGAAAATATTTTGAAATTAAAA	55
Peg1-rev	TAAAAATACCAACACCTAAAAAAAA	
1. Igf2R-for	GTAGAGTTTTTTGAATTTTTTTGTT	45
Igf2R-rev	TAAACTATAATTCTAATTATACCAAATTAC	
2. Igf2R-for	TGGTATTTTATGTATAGTTAGGATAG	55
Igf2R-rev	AAAAATTCTATAATCAAAACCAAC	
1. H19-for	TAAGGAGATTATGTTTTATTTTGGA	45
H19-rev	CCCCCTAATAACATTTATAACCCC	
2. H19-for	AAGGAGATTATGTTTTATTTTGGA	55
H19-rev	AAACTTAAATAACCCACAACATTACC	
1. Igf2-for	TTTAATATGATATTTGGAGATAGTT	45
Igf2-rev	AAAAAACAACCTAATATAAAAAAAC	
2. Igf2-for	GAGTTTAAAGAGTTTAGAGAGGTTAAA	55
Igf2-rev	TAAAACTATCCCTACTCAAAAAAAA	
1. IG-DMR-for	GGTGGGATTGTTTTAGGTTTTTATT	45
IG-DMR-rev	AAATTTCTCCAACCCCAATATAACT	
2. IG-DMR-for	TGGATTTGGTTTTATGAATGAAGATA	55
IG-DMR-rev	AAATAATCACCCTAACCCAACCTAC	

Tab. 3: Mikrosatelliten *touchdown*-PCR

PCR-Schritt	Temperatur (°C)	Zeit (min:sec)	Zyklen
Denaturierung	95	00:15	
Hybridisierung	60-56	00:15	20
Elongation	72	00:20	
Denaturierung	95	00:15	
Hybridisierung	56	00:15	15
Elongation	72	00:15	

Primer	Primersequenz (5'-3')	bp (C57BL6/DBA)
D5Mit193-for	TGTCTTTAAAGTGGCCCAGG	(137/147)
D5Mit193-rev	TGTTTTCTATGTGTTTTATATGCTTCA	
D5Mit294-for	TGCAAACTAGCAGCCAACTG	(211/187)
D5Mit294-rev	GTCAACCTCTGATCTACACCCC	
D5Mit352-for	CCCAGAGCCCACATCAAG	(117/132)
D5Mit352-rev	TAGGTGGGTGTGTCTCTCCC	
D5Mit81-for	GGGAGTTCCAGGTTCATTGA	(212/198)
D5Mit81-rev	ATGTGCATTATGGCATGTAAATG	
D5Mit135-for	TACACAGGGAAAGGACAGGG	(235/212)
D5Mit135-rev	AGGGAGATTTTGGATTAGAGGC	
D5Mit18-for	CTGTAGTGGGTGGTTTTAAAATTG	(246/227)
D5Mit18-rev	ATGCCACTGGTGCTCTCTG	
D5Mit136-for	CTTCCAGGATGATTTACAGTATAACTG	(199/208)
D5Mit136-rev	AAACTTGCCCACTCCCATC	
D5Mit168-for	CAGGTGACAGTTGTTCTCTTCC	(153/111)
D5Mit168-rev	CATGCATGAACACACATCACA	
D17Mit113-for	TCTGTCTCCTCCGTACTGGG	(127/103)
D17Mit113-rev	GTCAATAAGTTCAATCACTGAACACA	
D17Mit198-for	TGCTTCTACCTCCCAAGGG	(102/116)
D17Mit198-rev	CCAACCTTTCAAGTCAGATGTG	
H2Q4-for	CCTGCAGGAATATCAATAGTG	Multi-Banden
H2Q4-rev	ATACAGAGAAACCCTATCTCAA	
D17Mit24-for	ACCTCTCACCTCTCTCTGTG	(142/126)
D17Mit24-rev	TGGAGAGACGTCCTATGATG	
D17Mit178-for	ACACAATTTCTTTTAGTGGGTTCC	(144/162)
D17Mit178-rev	TGTGGAAGACACTCAATATCAACC	

D17Mit139-for	AGACATGTGAGTACTGCACAGACA	(136/164)	
D17Mit139-rev	ATGATGACATACCTCCTAGTAGTCCC		
D17Mit93-for	TGTCCTTCGAGTGTTTGTGTG	(156/168)	
D17Mit93-rev	TCCCCGGTGAATGAGTTATC		
D17Mit130-for	CTCAACTCCCCCTCTGCTTT	(229/247)	
D17Mit130-rev	TGTCTGAACTCCTCAGGTACCA		

Tab. 4: Semi-quantitative PCR-Bedingungen und Primersequenzen

PCR-Schritt	Temperatur (°C)	Zeit (min:sec)	Zyklen
Denaturierung	95	5:00	1
Denaturierung	95	00:15	
Hybridisierung	60-65*	00:15	30
Elongation	72	00:45	
Elongation	72	07:00	1

*angepasst an Primer T_m(°C)

Primer/Sonde	Primersequenz (5'-3')	T_m (°C)
Afp-for	CCCACCCTTCCAGTTTCC	58
Afp-rev	TCGTACTGAGCAGCCAAGG	
Drd2-for	GCAGTCGAGCTTTCAGAGCC	60
Drd2-rev	TCTGCGGCTCATCGTCTTAAG	
Flk-1-for	CCTACCCCACACATTACATGG	57
Flk-1-rev	TTTTCCTGGGCACCTTCTATT	
Krt1-10-for	CGCAAGGATGCTGAAGAGTGGTTC	65
Krt1-10-rev	TGGTACTCGGCGTTCTGGCACTCGG	
Krt1-18-for	TTGTCACCACCAAGTCTGCC	59
Krt1-18-rev	TTTGTGCCAGCTCTGACTCC	
Pecam-1-for	GTCATGGCCGTCGAGTA	57
Pecam-1-rev	CTCCTCGGCATCTTGCTGAA	
Myf5_for	GGAGATCCTCAGGAATGCCATCCGC	66
Myf5_rev	CCTTTGTCAGAATACTGAGCAGC	
Syn-for	GCCTGTCTCCTTGAACACGAAC	60
Syn-rev	TACCGAGAGAACAACAAAGGGC	
VSM-MHC-for	GGATGCCACCACAGCCAAGTA	62
VSM-MHC-rev	TGGTGTGGGTCCCTTCAGAGA	

Tab. 5: Quantitative PCR-Bedingungen und Primer-/Sondensequenzen

PCR-Schritt	Temperatur (°C)	Zeit (min:sec)	Zyklen
Schritt 1	50	02:00	1
Schritt 2	95	10:00	1
Schritt 3	95 60	00:15 01:00	40

Im Anschluss an einen SYBR-Green® PCR-Lauf wurde immer eine Schmelzpunktanalyse durchgeführt.

Primer/Sonde	Primer-/Sondensequenz (5'-3')	T_m (°C)
a-MHC-for	GCTACAATCGGAAATAG	59,4
a-MHC-rev	CCCTATGCTCAATGC	62
a-MHC-Sonde	TCCTCATCACCGGAGAATCCGGAG	68
b-MHC-for	GACCAGACCCCAGGCAAGGG	57
b-MHC-rev	GCCAACTTTCCTGTTGCCCC	60
Brachy-for	AGCAAGAAAGAGTACATGGCATTG	68
Brachy-rev	GCAGCGAGAAGGGAGACC	65
Brachy-Sonde	AACATCCTCCTGCCGTTCTTGGTC	61
Calq2-for	CGGGACAACACTGACAATCC	62
Calq2-rev	CCCAATCTGTGGCTTGAACA	58
cTnT-for	CAGAGGAGGCCAACGTAGAAG	62
cTnT-rev	CTCCATCGGGGATCTTGGGT	61
Col1a1-for	GCTCCTCTTAGGGGCCA	61
Col1a1-rev	CCACGTCTCACCATTGGGG	61
Col1a2-for	GTAACTTCGTGCCTAGCAACA	58
Col1a2-rev	CCTTTGTCAGAATACTGAGCAGC	60
DDR-2-for	ATCACAGCCTCAAGTCAGTGG	60
DDR-2-rev	TTCAGGTCATCGGGTTGCAC	60
Dlk1-for	ACTTGCGTGGACCTGGAGAA	59
Dlk1-rev	CTGTTGGTTGCGGCTACGAT	59
Flk1-for	TGATTGCCATGTTCTTCTGG	55
Flk1-rev	TGTGTGTTGCTCCTTCTTTCA	56
Flk1-Sonde	CTACGGACCGTTAAGCGGGCCAAT	66
Gapdh-for	ATGTTCCAGTATGACTCCACTCACG	63
Gapdh-rev	GAAGACACCAGTAGACTCCACGACA	64
Gapdh-Sonde	AAGCCCATCTTCCAGGAGCGAGAGCGAGA	71
Gtl2-for	AAGCACCATGAGCCACTAGG	59

Anhang

Gtl2-rev	TTGCACATTCCTGTGGGAC	57
H19-for	CTGCTCTCTGGATCCTCCTC	61
H19-rev	TGGTTCTGATTGCAGCATCT	55
H19-Sonde	CCCTCAAGATGAAAGAAATGGTGCTACCC	67
Isl1-for	CATTTGATCCCGTACAACCTGATA	62
Isl1-rev	AAATTCACGACCAGTATATTCTGAGG	61
Isl1-Sonde	TTGGAGTGGCATGCAGCATGTTTGA	67
Igf2-for	AAGTCCGAGAGGGACGTGTCT	62
Igf2-rev	CGTCCCGCGGACTGTCT	60
Igf2-Sonde	CTCAGGCCGTACTTCCGGACGACTT	68
Nanog-for	TGCTACTGAGATGCTCTGCACA	60
Nanog-rev	TGCCTTGAAGAGGCAGGTCT	59
Nanog-Sonde	AGGCTGCCTCTCTCTGCCCTTC	68
Nkx2.5-for	CTTTGTCCAGCTCCACTGC	61
Nkx2.5-rev	CAAGTGCTCTCCTGCTTTCC	60
Nkx2.5-Sonde	TTCTGCAGCGCGCACAGCTCTTT	68
Oct3/4-for	GCCCCAATGCCGTGAAG	61
Oct3/4-rev	CAGCAGCTTGGCAAACTGTTC	61
Oct3/4-Sonde	TGGAACCAACTCCCGAGGAGTCCC	67
Rex1-for	GGCCAGTCCAGAATACCAGA	59
Rex1-rev	GAACTCGCTTCCAGAACCTG	59
SM-MHC-for	AAGCTGCGGCTAGAGGTCA	59
SM-MHC-rev	CCCTCCCTTTGATGGCTGAG	61
Sox2-for	GGCAGCTACAGCATGATGCAGGAGC	60
Sox2-rev	CTGGTCATGGAGTTGTACTGCAGG	60
Tie-2-for	ATGTGGAAGTCGAGAGGCGAT	60
Tie-2-rev	CGAATAGCCATCCACTATTGTCC	61

7.3 Antikörper

Tab. 6: Verwendete Antikörper mit eingesetzter Verdünnung
Primäre Antikörper:

Antikörper	Verd.	Firma	Spezies	Klon
Neurofilament	1:1000	Abcam	Maus	NF-09
Myosin	1:50	DSHB	Maus	MF-20
Pan-Zytokeratin	1:100	Sigma	Maus	C-11

Anhang

Zytokeratin-18	1:20	Progen	Maus	Ks18.04
Nebulin	1:400	Sigma	Maus	NB2
α-Fetoprotein	1:500	DAKO	Kaninchen	polyklonal
α-Aktinin	1:800	Sigma	Maus	EA-53
cTnI	1:2000	Chemicon	Kaninchen	polyklonal
Connexin43	1:250	Translab	Maus	Cx-43
Gata4	1:200	Santa Cruz	Kaninchen	polyklonal
Nkx2.5	1:200	Santa Cruz	Kaninchen	polyklonal

Sekundäre Antikörper:

Antikörper	Verd.	Firma	Spezies	Klon
Anti-Maus IgG Alexa 488	1:800	Molecular Probes	Ziege	polyklonal
Anti-Maus IgG Alexa 546	1:800	Molecular Probes	Ziege	polyklonal
Anti-Maus IgG Alexa 633	1:800	Molecular Probes	Ziege	polyklonal
Anti-Kaninchen IgG Alexa 546	1:800	Molecular Probes	Ziege	polyklonal
Anti-Kaninchen IgG Alexa 546	1:800	Molecular Probes	Ziege	polyklonal

7.4 Weiter Abbildungen

Zu 3.2.1 Stammzell-Identität

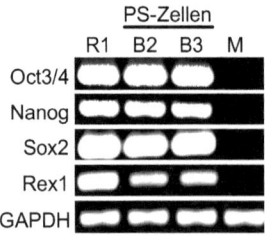

Abb. 1: Transkriptionsanalyse von Stammzell-Markern in WT-PS-Zellen. Semi-quantitative PCR von Stammzell-Markern in den WT PS-Zell-Linien B2 und B3. MEF-Zellen (M) dienten als Negativkontrolle.

Zu 3.2.4 MHC-Genotypisierung

A

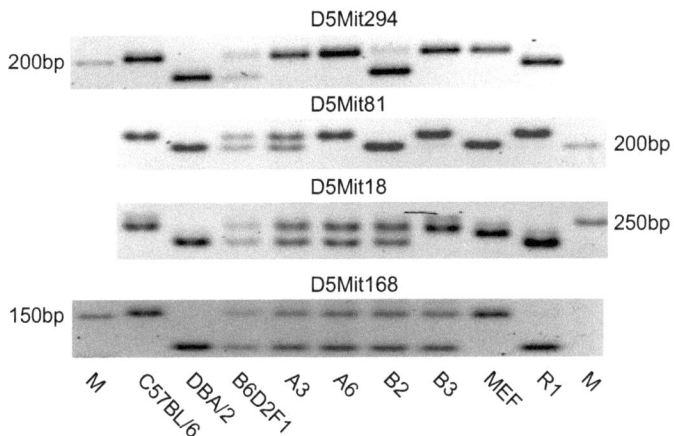

B

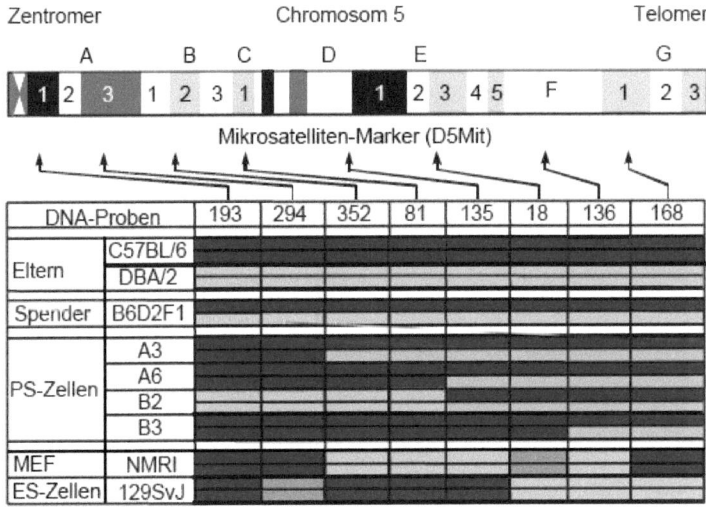

Abb. 2: Mikrosatelliten-Analyse des Chromosom 5. (A) Gezeigt sind exemplarisch die PCR-Produkte nach Amplifikation unterschiedlicher Mikrosatelliten-Marker. (B) Untersucht wurden Mikrosatelliten-Loci verteilt über das gesamte Chromosom 5 der Maus. Zur graphischen Darstellung wurde dem Allel des C57BL/6 Mausstammes ein blaues, dem des DBA/2 Stammes ein gelbes Feld zugeordnet. Von diesen Allelzuordnungen abweichende PCR-Produktlängen wurden mit grün kodiert.

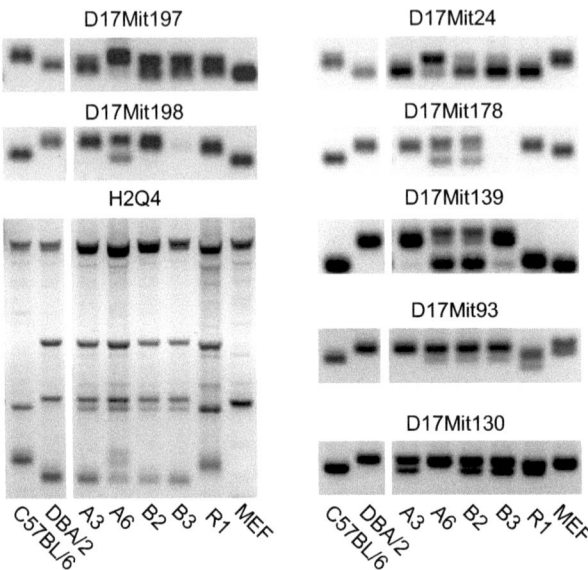

Abb. 3: Agarose-Gelbilder der Mikrosatelliten-Analyse des Chromosom 17.

Die VDM Verlagsservicegesellschaft sucht für wissenschaftliche Verlage abgeschlossene und herausragende

Dissertationen, Habilitationen, Diplomarbeiten, Master Theses, Magisterarbeiten usw.

für die kostenlose Publikation als Fachbuch.

Sie verfügen über eine Arbeit, die hohen inhaltlichen und formalen Ansprüchen genügt, und haben Interesse an einer honorarvergüteten Publikation?

Dann senden Sie bitte erste Informationen über sich und Ihre Arbeit per Email an *info@vdm-vsg.de*.

Sie erhalten kurzfristig unser Feedback!

VDM Verlagsservicegesellschaft mbH
Dudweiler Landstr. 99   Telefon +49 681 3720 174
D - 66123 Saarbrücken   Fax   +49 681 3720 1749
www.vdm-vsg.de

Die VDM Verlagsservicegesellschaft mbH vertritt

Printed by Books on Demand GmbH, Norderstedt / Germany